MÉMOIRE

SUR

L'AMÉLIORATION DES TERRES

DE BOUCARD ET D'AUBIGNY

ET SUR LA FERME DE MAZIÈRES.

PARIS
IMPRIMERIE ET LIBRAIRIE CENTRALES DES CHEMINS DE FER
DE NAPOLÉON CHAIX ET Cie,
Rue Bergère, 20, près du boulevard Montmartre.
1861

MÉMOIRE

SUR

L'AMÉLIORATION DES TERRES

DE BOUCARD ET D'AUBIGNY

ET SUR LA FERME DE MAZIÈRES.

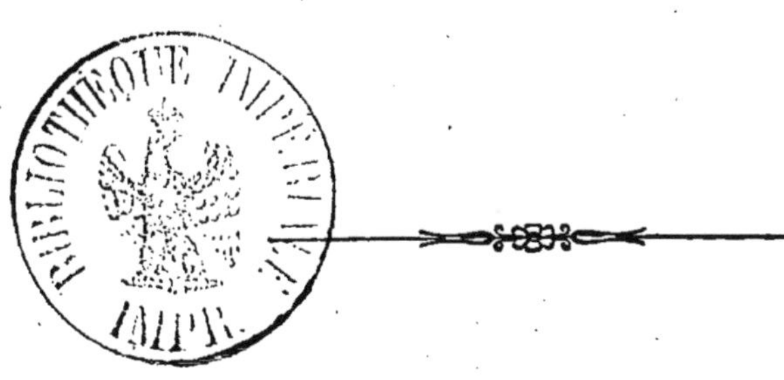

PARIS
IMPRIMERIE ET LIBRAIRIE CENTRALES DES CHEMINS DE FER
DE NAPOLÉON CHAIX ET Cie.
Rue Bergère, 20, près du boulevard Montmartre.
1861

J'ai hésité à présenter au Jury le mémoire que je lui soumets aujourd'hui, sur les deux terres réunies de Boucard et d'Aubigny.

Je me demandais si l'étendue de ces propriétés et la nature des améliorations qu'elles ont réclamées, n'étaient pas en dehors des conditions ordinaires du concours.

L'étude du programme et l'avis de plusieurs agronomes éminents m'ont cependant décidé à rédiger ce mémoire et à l'adresser au Jury.

Je n'ai pas pensé que la grande propriété fût un tort qu'il était plus sage de cacher aujourd'hui ; j'ai cru, au contraire, qu'elle devait se montrer agissante et laborieuse, comme la moyenne et la petite propriété, concourant au bien général par les améliorations privées, donnant l'exemple quand elle le peut, et suivant la voie ouverte à tous, avec le goût du progrès, avec un dévouement héréditaire aux intérêts du sol et de ceux qui le cultivent.

Un autre motif, auquel j'attache plus d'importance, m'a déterminé à rendre compte de mes travaux.

Les améliorations que je poursuis seront obtenues, pour la plupart, à l'aide de métayers qui occupent la plus grande partie de mes domaines. Ce mode d'exploitation, critiqué, condamné, n'en est pas moins le mode *nécessaire* pour une vaste partie de la France. — A ce titre, il faut savoir s'en servir pour le progrès ; mais je voudrais prouver aussi qu'il sera, pour longtemps encore, le plus propre à déterminer l'application du capital à l'agriculture, le plus profitable au propriétaire, et, je veux le constater en même temps, le plus favorable aux intérêts des laboureurs, qu'il peut seul conduire à une situation plus élevée et à un bien-être plus assuré.

Je me suis demandé sous quelles formes les métayers pouvaient aussi prétendre aux honneurs du concours, et si ce n'était pas en se présentant avec leur propriétaire, en montrant les résultats de cette association particulière du travail et de la direction, du capital et de la main-d'œuvre, des innovations éprouvées dans des pays plus avancés et des perfectionnements dus à l'étude attentive de chaque parcelle du sol.

C'est ainsi que, m'appuyant sur ces braves familles dont j'espère avoir servi les intérêts en augmentant les ressources de leur culture, c'est ainsi et avec elles que je présente au concours ce rapport qu'elles n'auraient pas su rédiger elles-mêmes, et qui expose nos travaux communs, la pensée qui les a dirigés et le résultat de nos efforts.

S'il ne s'agissait que de la perfection des cultures, je n'oserais pas entrer en concurrence avec des exploitations importantes, dignes de l'habileté qui les dirige et qui nous rappellent les combinaisons agricoles des plus riches provinces de la France ; mais je crois que mes améliorations ont un cachet tout local qui leur méritera quelque intérêt, et leur donnera le droit de concourir pour la prime d'honneur destinée au département du Cher.

Mazières, le 27 février 1861.

CONCOURS RÉGIONAL DE BOURGES EN 1862.

MÉMOIRE

SUR

L'AMÉLIORATION DES TERRES

DE BOUCARD ET D'AUBIGNY

ET SUR LA FERME DE MAZIÈRES

I.

RENSEIGNEMENTS GÉNÉRAUX.

Étendue du domaine.—Les deux terres dont j'ai entrepris l'amélioration sont situées dans les cantons contigus de Vailly, Aubigny et la Chapelle-d'Angillon, arrondissement de Sancerre (Cher).

Elles ont pour centres les deux vieilles habitations autrefois importantes, aujourd'hui assez abandonnées, appelées châteaux de Boucard et de la Verrerie-d'Aubigny.

Leurs contenances sont ainsi réparties :

Terre de Boucard. — Canton de Vailly.

Rural....................	1,423 h	2,553 h
Bois....................	1,130	

Terre d'Aubigny (et bois d'Ivoy, d'un seul tenant).

Cantons de Vailly, Aubigny et la Chapelle.

Rural....................	1,025 h	3,337
Bois....................	2,312	
TOTAL....................		5,890 h

Cette étendue totale se divise donc ainsi :

Rural (terres labourables, prés, bruyères, etc.)..........................	2,448 h	5,890 h
Bois	3,442	

J'ajoute à ce mémoire, par des considérations que j'indiquerai plus loin, une note sur les travaux de la ferme de Mazières, contenant..... 210

TOTAL.................... 6,100 h

Configuration du sol. — Constitution de la couche arable. — Nature des eaux. — Les deux rivières de la Grande-Sauldre et de la Nère, qui se réunissent à Clémont pour se diriger ensemble vers le Cher, forment la principale division topographique de ces deux terres. Leurs petits affluents vivifient les prairies dont chaque domaine est pourvu ; les collines qui limitent leurs bassins, et les plateaux qui dominent leurs versants, sont en partie couverts de bois étendus, et l'on y rencontrait, il y a peu d'années, de grandes bruyères mêlées à des flaques d'eaux incertaines qui, retenues à la surface par un sous-sol imperméable, ne savaient guère vers quelle vallée elles devaient prendre leurs cours.

Les terrains cultivés qui avoisinent la Nère sont d'une nature pauvre et difficile. La couche arable, peu profonde, que les labours et les engrais ont encore bien peu pénétrée, est argileuse, caillouteuse, sèche et rude ; la surface se bat et se durcit par les pluies d'hiver. Les eaux d'orage ne les rendent pas humides, mais glissent rapidement à la surface, et emportent les engrais ; on se trouve heureux quand on peut les recueillir, les diriger, et les employer à améliorer les prés naturels.

Les herbages y viennent encore difficilement ; la ronce envahit les terres dès les premières années de repos ; les prés donnent une herbe courte et peu nourrissante ; les eaux des ruisseaux, venues pour la plupart des grands bois, sont chargées de tannin et peu fécondantes.

Dans les grands espaces de bruyères situés sur les plateaux, la terre est plus douce, plus maniable ; si elle n'est pas améliorée, elle n'est pas épuisée. Ces landes délaissées, mais entourées par des domaines déjà anciens, sont destinées à devenir le pivot de combinaisons nouvelles.

Des couches de marne, inégales, pénétrées souvent par les eaux, se montrent par place à la surface du sol, ou s'y enfoncent à des profondeurs très-diverses. C'est l'élément le plus puissant mais le plus périlleux des progrès de l'avenir. — L'usage de la marne est ancien dans le pays, mais il a été pratiqué sur une petite échelle ; on ne sait que vaguement la date du marnage de beaucoup de champs ; il est constaté pourtant par les souvenirs des anciens du pays et par la présence de nombreux trous de marne, faits sans ordre, sans prévoyance, danger pour le passant et gaspillage des ressources de l'avenir.

Tout cet ensemble serait peu encourageant pour l'agriculteur qui ne chercherait que les grands et brillants effets de la culture ; mais pour celui qui cherche seulement l'augmentation des produits, qui veut améliorer ce qu'il a sous la main, il est loin d'être sans ressources; l'étendue des propriétés offre aux efforts de celui qui les possède et à son imagination, les perspectives qu'il ne pourrait trouver dans la richesse et la profondeur du sol.

Le bassin de la Grande-Sauldre a une tout autre valeur: les prés qui occupent le fond de sa large vallée sont fécondés par ses eaux limoneuses et par ses débordements annuels; les terres, ondulées et faciles à égoutter, ont souvent une profondeur dont la culture n'a pas encore cherché la richesse; la couche arable, presque partout argileuse, si ce n'est à l'entrée de la vallée, du côté de Sens-Beaujeu et sur les coteaux de Jars et de Chevaise, est facile à manier. Le sous-sol, il est vrai, est imperméable: c'est un tuf rouge, argilo-siliceux, ou bien un sable compacte et dur. — Mais le drainage modifiera profondément cette situation. — La marne se montre partout, et sur certaines collines elle fait la base même du sol cultivé. — La pierre à chaux, sur certains points, offre un amendement plus économique et plus prompt. — Pour transformer ces terrains, destinés pour la plupart à un brillant avenir, il ne faut que calculer, trouver le capital et agir.

Débouchés. — Voies de communication. — Les voies de communication, à tous les degrés, sont la première des améliorations agricoles dont il ait fallu s'occuper. Il y a trente ans, une seule route départementale, celle de Sancerre à Aubigny, qui ne datait que de la Restauration, traversait cette contrée.

Les chemins principaux, mal tracés, tortueux, étaient en hiver peu praticables aux voitures.

Les chemins ruraux, creusés pour la plupart du temps par le long passage des eaux, charmaient le promeneur par leur riante verdure, par les hautes haies et les vieux chênes qui les ombrageaient de leurs rameaux, mais désespéraient le voiturier qui embourbait dans leurs ravins étroits, dans leurs profondes ornières, le char à bœufs chargé de fourrages, ou la voiture de gerbes qu'il abandonnait parfois loin de la ferme, aux approches de la nuit.

Quelques-uns de ces vieux chemins, remplacés maintenant par des tracés meilleurs et par de larges ouvertures faites au milieu des champs, restent encore incultes sous la ronce et les ombrages qui recouvrent leurs profondeurs; ils sont comme un témoignage des difficultés contre lesquelles ont eu à lutter nos prédécesseurs, et des facilités incalculables que des dépenses bien entendues ont apportées à la culture de chaque jour.

La vive impulsion donnée par le Conseil général à tous les travaux de viabilité a terminé depuis dix ans la route de Sancerre à Argent, séparée de la première par une bande de 7 à 8 kilomètres de large; une autre route a été ouverte de la Chapelle d'Angillon à la Chapelotte; des chemins de grande communication ou d'intérêt commun ont été tracés et commencés. Mais les fonds départementaux, avant d'apporter leur concours, ont attendu les efforts des communes et des particuliers, qui dès lors peuvent réclamer leur part de mérite dans les résultats obtenus.

J'indiquerai plus tard dans quelle mesure j'ai dû personnellement intervenir dans ce mouvement général et capital.

Foires et marchés. — Les marchés de Sancerre, d'Aubigny et d'Henrichemont, sont les centres des affaires en grains de toute cette contrée, éloignée des canaux et des chemins de fer. — Le commerce des bestiaux se fait dans les foires qui se tiennent à des époques multipliées, dans les chef-lieux de canton et les grands bourgs.

Autrefois des marchands assez nombreux et achetant souvent à crédit, venaient enlever les bêtes grasses, ou réputées telles, pour les conduire à Paris ; maintenant un certain nombre de cultivateurs se décident à les faire conduire pour leur compte. Le chemin de fer de Paris à Nevers facilitera sans doute ces transactions.

Production du pays. — Les plantes commerciales sont presque inconnues dans le pays, et le colza ne s'y cultive guère que pour la consommation locale. La culture de la betterave pour l'engrais à l'étable y est d'introduction récente et peu étendue. — Les fourrages sont consommés par l'élevage des chevaux de trait, des bêtes à cornes, par l'engraissement des vieilles bêtes de travail, à l'aide de l'herbe des prés et surtout des regains. Le lait, le beurre et les fromages ne servent guère qu'à l'alimentation des ménages ; ils font la base principale de la nourriture des cultivateurs.

Main-d'œuvre. — La main-d'œuvre était abondante autrefois ; elle est maintenant plus rare et plus chère. Les journaliers, employés dans le courant de l'année aux travaux des champs, occupent utilement leurs journées d'hiver à l'exploitation des bois.

Les gages des domestiques, nourris dans les domaines, sont de 300 francs à 120 francs, suivant les emplois.

On paie des premiers charretiers jusqu'à 350 francs.

Les premières servantes se paient 140 francs.

Les bergères, 120 francs et quelques profits de brebis.

Les journaliers sont payés 1.50 pendant huit mois, et 2 francs pendant les quatre mois, de juillet à novembre, sans être nourris.

Ils gagnent environ 450 à 500 francs par an.

Le personnel de chaque domaine est en moyenne de douze à dix-huit personnes, enfants compris.

Chaque personne consomme en moyenne 6 hectolitres de grain, en y comprenant la part des pauvres.

On battait autrefois les grains au treizain. L'usage des machines se généralise, et alors les ouvriers sont payés à la journée.

Les travaux de la récolte se font à la tâche depuis quelques années. On paie (sans nourriture) :

Pour le fauchage des prés,	8 00	fr. par hectare.
— — des trèfles,	5 60	—
Pour la moisson et liage du froment,	20 00	—
— — de l'avoine,	12 00	—

II.

ANCIENNE ORGANISATION.

Avant d'expliquer les combinaisons d'administration générale que j'ai adoptées pour les deux terres réunies de Boucard et d'Aubigny, et les points sur lesquels j'ai concentré mon action directe et personnelle, je dois indiquer dans quelle situation je les ai trouvées, lorsque, par héritage ou par des acquisitions successives, elles se sont constituées entre mes mains.

(Je parlerai plus loin et très-sommairement des bois, dont le programme ministériel m'oblige à faire mention.)

Les terres, divisées en domaines de 1,200 à 2,400 francs de revenu, étaient presque toutes cultivées à moitié par des métayers, suivant l'usage général du pays, pour la grande comme pour la petite propriété.

Mais une partie de ces domaines étaient réunis par groupes de quatre à dix, et affermés à prix d'argent à des fermiers généraux, notabilités agricoles du pays, donnant au propriétaire un revenu fixe et garanti, et recevant des métayers une part variable dans les fruits de leurs domaines.

Ce mode d'administration, généralement condamné, avait quelques avantages : celui de faire intervenir dans le gouvernement des domaines, à la place des propriétaires occupés ailleurs, des cultivateurs fixés sur le sol et plus éclairés que les métayers; celui d'ajouter au capital d'exploitation, pour suppléer à celui qui manquait aux métayers, le capital déjà gagné dans la culture par des fermiers généraux aisés, et disposés à confier leurs économies à des opérations agricoles.

J'ai supprimé partout cette combinaison; mais cette opération ne pouvait se faire qu'avec du temps, de la prudence et une grande attention, au risque de s'enfoncer plus avant dans les routines locales, et d'enlever à la culture de chaque domaine le supplément de capital, quelque faible qu'il fût, qu'y avaient apporté les fermiers généraux.

Je cherchai en même temps à remplacer autant qu'il dépendait de moi le métayage par le fermage. — Des fermes assez importantes furent constituées par la réunion de deux à trois domaines en une seule exploitation. (La préférence fut offerte aux anciens fermiers généraux, à la condition d'exploiter eux-mêmes par domestiques.) — Des cultivateurs riches et considérés du pays entreprirent ces cultures et passèrent des baux dont je n'ai eu qu'à me féliciter. — Sur d'autres points j'appelai des fermiers habiles des environs de Paris. — Enfin, dans la plupart des domaines, j'affermai aux métayers eux-mêmes.

Dans ces combinaisons j'avais un peu oublié que ce n'est pas le bail qui fait le fermier, mais bien sa capacité personnelle d'abord, puis le capital dont il dispose, et qu'il peut appliquer à l'exploitation journalière et aux progrès du domaine.

Aussi, au bout de peu de temps, et à la première crise survenue dans le prix des denrées agricoles, un grand nombre de métayers vinrent me demander avec instance de reprendre leurs fermes et de les remettre à moitié.

Je dus tâtonner encore. Ne voulant pas abandonner complétement ma transformation, j'essayai de reprendre à moitié le produit des grains, mais de donner à prix ferme celui des bestiaux. (C'est le contraire de la combinaison essayée par M. Crombez à Lancosme.) Considérant l'augmentation des fourrages comme la première amélioration à poursuivre, je pensais qu'en conservant à mes risques et profits l'éventualité du produit des grains, mais en laissant au fermier toute l'augmentation des profits de bestiaux, je l'intéresserais à restreindre la culture des céréales et à augmenter celle des plantes fourragères. — Pour des motifs divers, cette combinaison ne réussit que sur un ou deux domaines. Je constatai en même temps que dans plusieurs domaines, qui ne demandaient pas à être remis à moitié, les fermages s'arriéraient, et surtout l'ancienne routine se refusait, avec le droit pour elle, aux améliorations les plus évidemment profitables.

Je me décidai donc à reprendre à moitié un assez grand nombre de domaines, et la propriété est aujourd'hui constituée ainsi qu'il suit :

DOMAINES AFFERMÉS.

Ferme du Crotet (comprenant : le CROTET, la CHABINERIE, le PARC, le MOULIN), louée à un fermier aisé. . . . . 208 h.

Ferme de Jars (comprenant : le CHATEAU, la COUR et partie du PUITS) louée à un fermier aisé 118

Domaine de l'Anerie, affermé à l'ancien métayer. . . . 70

— **de Pilate** . . . . . id. 93

— **du Petit-Boucard** id. 60

— **des Aunais**. . . . id. 79

— **de l'Étang** . . . . id. 35

Locature de la Gravière et autres. . }
Moulin de Jars. . . . . }
— **de Pilate**. . . . . } 168
— **de Nancré** . . . . }
— **d'Aubigny** . . . . }

TOTAL des terres affermées. . . . 831 h.

DOMAINES EXPLOITÉS A MOITIÉ
OU DIRECTEMENT.

Groupe de Boucard.

Le Pont	70 h.	472 h.
La Brosse.	86	
Le Plessis.	91	
Les Déserts	73	
Les Ruellées-d'en-Haut } réunis.	152	
Le Puits }		

A reporter. . . . . . 472 h

Report.		472h

Groupe de Nancré.

Le Château	60	217h.
La Motte.	61	
Les Bedus.	94	

Groupe d'Aubigny.

L'Étang.	108h	596h.
La Garenne	87	
Le Grayon.	95	
La Métairie neuve	98	
La Bussière	157	
La Surfaix.	51	

Exploitations par domestiques.

La Réserve du Rheau et le Boulay. . . .	192	352h.
Les Bruyères Bardin, les Bruyères l'Archevêque et les Prés de la Forge.	160	
TOTAL des domaines exploités à moitié ou par domestiques.		1617
Report des domaines affermés. . .		831
TOTAL égal à la contenance générale. . .		2448

Je laissai les domaines affermés suivre le cours naturel du progrès agricole, sous son impulsion la plus simple, l'intérêt direct de celui qui exploite. — Je comptai sur l'intelligence et le capital des fermiers aisés. — Je regardai faire les anciens métayers auxquels j'avais affermé leurs domaines, étant bien aise de comparer un jour les progrès qu'ils auront faits par leurs seuls efforts, avec ceux que feront leurs confrères dans leur association avec le propriétaire et sous son autorité.

2

Un bon gratuit pour 3,000 kilogrammes de guano par domaine fut pour ces petits fermiers l'appoint d'un renouvellement de bail, et l'indication de la voie dans laquelle je les engageais à entrer.

Dix-sept domaines comprenant 1,617 hectares restent affermés à part de fruits à des métayers, ou soumis à une exploitation directe, et c'est d'eux surtout que j'aurai à m'occuper dans la suite de ce travail.

III.

AMÉLIORATIONS GÉNÉRALES. — ORGANISATION.

L'accroissement de produits auquel me paraissaient appelées les propriétés du Berry, le sentiment de mes devoirs envers le coin de terre au milieu duquel la Providence avait placé mes intérêts, me firent chercher avec soin le moyen de m'associer au mouvement général de l'agriculture et de contribuer personnellement à ses progrès autour de moi, autant qu'il pouvait dépendre de mes efforts.

Je songeai à choisir parmi mes domaines celui qui paraîtrait le mieux arrondi et le plus convenablement placé, et à concentrer dans son amélioration complète tout le capital dont je pouvais disposer. Je pouvais construire sur les meilleurs plans connus des bâtiments élégants et destinés à servir de modèles aux constructeurs du pays; — je pouvais établir sur des terres, égales en valeur naturelle aux bonnes terres de tous les pays, une culture intensive élevée à son maximum, en leur appliquant par hectare un capital considérable, en développant à l'aide d'une main-d'œuvre bien payée les plantes sarclées, les cultures commerciales, — en appuyant sur une culture fourragère très-perfectionnée et fumée l'élevage des plus illustres races de bestiaux, — enfin en appelant à mon aide, pour conduire dans les détails ces combinaisons avancées, un de ces habiles auxiliaires que j'aurais peut-être eu le bonheur de rencontrer dans mes relations avec nos meilleures fermes-modèles.

En montrant ainsi tout ce que mes terres étaient capables de produire, je pouvais indiquer un but à poursuivre et donner la confiance de l'atteindre un jour.

Mais j'ai craint que dans cette voie le succès même ne fût pour moi qu'une honorable fantaisie, suffisamment productive de revenus, mais entièrement inutile au pays et même à mes autres domaines.

Le capital disponible qui fait le nœud de l'amélioration agricole, son principal secret et la base de la culture intensive, n'existe pas encore dans le pays dans une proportion en rapport avec l'étendue du sol.

Il m'aurait manqué à moi-même, tout aussi bien qu'à mes voisins, si j'avais voulu étendre au delà d'une certaine limite le système intensif sur tous mes domaines. La résistance routinière, le plus difficile des obstacles opposés à l'améliorateur qui ne peut labourer tout seul sa terre, ni faire émigrer tous ceux qui la cultivent, la résistance eût été plus obstinée et plus fondée, en présence d'une culture coûteuse et compliquée.

J'aurais donc été plus faible devant mon public; —j'ajouterai, plus éloigné du programme auquel je cherche à répondre aujourd'hui.

Je désirai aussi introduire ou développer dans le pays des industries destinées à donner un surcroît de valeur aux produits du sol, ou à augmenter la production elle-même.

Les produits forestiers étant compris dans le programme, j'indiquerai brièvement plus loin le développement que j'ai donné, au milieu de mes bois, à l'industrie métallurgique, qui en constitue le principal débouché; quant à la fabrication du sucre, de l'alcool ou de l'huile, on ne pouvait y songer qu'après avoir *généralisé* la culture des produits qui leur servent de matières premières; la betterave me parut devoir être pendant longtemps encore réservée à la nourriture des bestiaux et à l'amélioration de l'élevage, et quant au colza, si avide et si peu producteur de fumier, je pensai que sa culture trop étendue serait en opposition directe avec les premiers conseils qu'il était important de faire adopter.

Je me bornai donc à exécuter d'une manière complète les améliorations générales qui me parurent indispensables, et à distribuer ensuite sur la plupart de mes domaines le capital dont je voulais disposer. Il était nécessaire sans doute qu'il *dépassât* le capital généralement employé dans le pays, mais qu'il ne le dépassât pas trop, afin de ne pas paraître une excentricité permise à une grande fortune.

Je réservai sur plusieurs points quelques cultures directes, où je cherchai à montrer à la fois des expériences et des résultats exceptionnels.

Enfin, ne pouvant sans absurdité amener des bestiaux de choix dans un pays encore absolument incapable de les soigner et de les nourrir, j'organisai sur un autre point du département une ferme qui me sert à moi-même de champ d'expériences, à mes seuls risques et fantaisies, dans laquelle je puis élever et façonner par des croisements les reproducteurs améliorés dont mes domaines ont besoin, et que je puis suivre de plus près dans ses détails.

C'est ainsi que la ferme de Mazières, que j'exploite par domestiques aux portes de Bourges, se rattache à l'amélioration de mes autres domaines et trouve sa place dans ce mémoire.

Je partageai en trois groupes différents tous ces domaines exploités à moitié fruits. — Je plaçai à la tête de chaque groupe un régisseur choisi dans le pays, habitué à ses pratiques, mais auquel je demandai de joindre aux qualités que je lui connaissais celle d'être résolu à me suivre dans mes innovations prudentes, dussent-elles être appelées du nom de révolutions par les métayers récalcitrants.

Routes. — Ainsi que je l'ai dit plus haut, il était important de presser et d'achever l'amélioration de la viabilité du pays. Aucune culture active ne pouvait s'organiser avec l'état des chemins, qui rendait impossibles en hiver et difficiles en tout temps, les plus importantes opérations.

Je cherchai à contribuer par tous les moyens en mon pouvoir à ces résultats de première nécessité.

Je fis construire à mes frais, et avec l'aide des prestations communales de mes domaines, plusieurs fractions de chemins de grande communication, ou de chemins vicinaux qui me parurent propres à rattacher les diverses parties de mes propriétés aux routes départementales ; je contribuai par des souscriptions à l'achèvement de quelques autres.

Je ne parle ici que des avantages que tous ces chemins

divers ont apportés à mes intérêts privés ; mais j'ai songé souvent avec satisfaction à ceux qu'ils avaient procurés, par la même occasion, aux intérêts du public.

Je conduisis jusqu'à la porte de chaque domaine un bon chemin particulier qui le mit en communication avec le chemin principal.

De longues routes furent ouvertes ou empierrées, pour établir au milieu des bois de grandes artères d'exploitation.

Un tableau joint à ce mémoire donne le détail de ces travaux dont le chiffre total s'élève à 87,651 francs.

Morcellement ou parcellement du sol. — Les domaines sont partagés en champs de diverses grandeurs, depuis 0^h,50 jusqu'à 6 hectares, ou de 2 ou 3 hectares en moyenne, entourés de haies, au milieu desquelles croissent de vieux arbres de haute futaie plus clair-semés chaque jour, et des têtards, ou vieux troncs d'arbres émondés, dont les branchages coupés tous les cinq à six ans, ainsi que celui des épaisses haies ou bouchetures, fournissent aux domaines leur chauffage et quelques pièces de charronnage.

Tous ces champs réunis en corps de domaines à des époques différentes, dont le souvenir se perd dans la nuit des temps, étaient intercalés les uns dans les autres, ou mêlés à d'autres pièces dépendant des locatures, petites cultures de 2 à 500 francs de loyer.

Un travail préliminaire, et nécessaire à une meilleure ordonnance de culture, fut de régulariser autant que possible les exploitations. — Je tranchai en maître les habitudes établies; j'échangeai les pièces de manière à arrondir chaque domaine. Je supprimai les petites locatures, en ne laissant à chacune d'elles qu'un champ et une chenevière; j'y logeai des journaliers indispensables aux travaux des domaines voisins, auxquels je réunis toutes les pièces éparses. — Il y eut bien des discussions et des réclamations; plus d'un métayer vint me demander avec instance cette excellente pièce de terre ou de pré « dont le domaine avait toujours joui. » Je décidai suivant l'intérêt général de la culture, et l'intérêt particulier finit par s'en accommoder. Je pus arracher un grand nombre de haies, réunir beaucoup de pièces divisées, ou leur donner une meilleure forme.

Conditions des baux. — Je ne renouvelai les baux que lorsque les domaines furent ainsi bien constitués.

Je fis disparaître des conditions habituelles tous les paiements en nature, ajoutés, en général, comme une dernière conquête dans la discussion du bailleur avec le preneur; ils obligeaient le métayer à une foule de redevances en volaille, chanvre, beurre, œufs, qui étaient pour lui un embarras, un ennui de chaque jour, plus fastidieux encore qu'onéreux.

Je supprimai la plus grande partie des journées de voitures que l'on exigeait pour les travaux particuliers de la réserve du propriétaire. — J'organisai même au centre de chaque groupe un service de trois ou quatre chevaux, entretenus par moi avec leurs voitures et charretiers, pour porter secours, dans les divers domaines, aux travaux attardés ou imprévus.

J'allouai dans la plupart des domaines des prélèvements de 40 à 50 hectolitres d'avoine à prendre sur le tas commun pour contribuer à la meilleure nourriture des animaux de travail et d'élevage. Je laissai aux métayers seuls tout le bénéfice des cochons et des chenevières.

Mais, en revanche, j'établis de la manière la plus formelle que la direction de la culture m'appartiendrait d'une manière absolue. Ne voulant pas me borner à cette indication générale, je précisai que les métayers seraient tenus de fumer leurs froments à raison de 40 mètres par hectare, et que les engrais supplémentaires, pailles ou fourrages, nécessaires pour compléter cette fumure, ou son équivalent, seraient achetés à frais communs; — que j'en ferais les avances, mais que la moitié du métayer me serait remboursée sur le produit de la récolte améliorée.

J'achetai à mon compte une partie des tombereaux et chevaux nécessaires au marnage. — Dans quelques domaines je m'engageai à payer les domestiques supplémentaires qui devaient les conduire. — L'extraction de la marne se fit, comme d'usage, à mon compte, ainsi que le chargement des voitures.

Je m'engageai à payer la moitié de la main-d'œuvre dans la culture des plantes sarclées, en ayant le droit d'en faire faire autant que je le croirais utile.

Je me réservai de n'user qu'avec prudence de toutes ces clauses, de briser les résistances absurdes, mais de tenir grand compte de toutes les observations raisonnables. — Ces combinaisons, ces conditions d'un marché nouveau et d'une association délicate, ne pouvaient s'établir qu'en admettant une assez grande confiance d'un côté, et de l'autre un sentiment profond d'équité, disposé à modifier le point de départ, suivant les résultats imprévus que la marche des affaires pourrait révéler.

C'est ici le lieu d'indiquer en quelques mots la situation assez générale des familles de métayers de notre pays.

Situation des métayers. — Le nombre des domaines n'augmente pas; il diminue même par la formation de quelques grandes cultures et par les ventes au détail.

En même temps les familles de métayers augmentent en nombre; elles se divisent, par le désir qu'éprouve chaque ménage de travailler seul et pour son compte, — par l'affaiblissement des mœurs anciennes qui réunissaient autour du chef de famille et sous sa direction plusieurs générations d'enfants, ou plusieurs ménages de frères, continuant à vivre ensemble après la mort du père commun.

Quand, à un renouvellement de bail, les ménages se séparent, il faut partager les diverses valeurs en nature qui composent le capital employé en commun pour la culture du domaine :

Le mobilier aratoire;

Le profit des bestiaux ajouté au cheptel;

La demi-récolte en grains, froments, seigles et petits blés qui doit servir à nourrir la famille, les ouvriers et les chevaux pendant la première année du nouveau bail;

La demi-récolte des froments et seigles en terre qui doit servir à nourrir la maison pendant la deuxième année du bail.

Le métayer qui change de domaine emporte ces parts de récolte pour se nourrir dans sa nouvelle ferme.

L'un des enfants, l'aîné, en général, s'engage à rembourser la part de ses frères ou sœurs, pour conserver la jouissance de ce capital, indispensable à sa culture, et dont la moitié, le tiers, le quart peut-être seulement, lui appartient.

Il commence donc souvent sa nouvelle exploitation avec des engagements, des dettes, qui le gênent longtemps et qui l'empêchent surtout de songer à prendre le domaine à ferme, ce qui l'obligerait à augmenter encore son capital.

Il fait pourtant de grands efforts pour rester dans ce domaine où, le plus souvent, il est né; n'ayant pas les avances nécessaires pour être fermier, il ne pourrait changer sa situation de métayer que contre la vie incertaine du journalier, ou la position subordonnée du domestique, et cette table frugale à laquelle il s'asseoit au milieu de sa famille, contre une existence isolée et précaire sous un toit étranger.

Le propriétaire qui le conserve dans son domaine, au lieu d'aller chercher un fermier riche dans des pays éloignés, — qui fait des avances à la terre pour aider celui qui la laboure à se créer, avec le temps, un petit capital, — ne sert pas seulement son métayer dans ses affaires, il l'empêche de descendre; il lui conserve la part d'indépendance qu'il tenait de ses pères; il maintient sa vie de famille et sa dignité personnelle.

On conçoit que ce service à rendre à de braves gens tente un propriétaire qui aime à être autre chose qu'un agronome abstrait ou un spéculateur.

Mais j'espère prouver que cette combinaison ne profite pas moins à la terre qu'à l'homme, pas moins aux intérêts de la production pour elle-même, qu'aux intérêts plus élevés de la production anoblie par ses rapports avec les progrès généraux et moraux de l'humanité.

Il est, en effet, bien évident et bien généralement reconnu que l'élément indispensable du progrès agricole, celui sans lequel les procédés les plus intelligents n'ont qu'une bien lente influence, est l'application à la culture d'un capital chaque jour plus considérable, et croissant avec les progrès mêmes qu'il développe.

Sans doute, de savants agronomes, économistes et cultivateurs à la fois, nous ont dit qu'il y avait deux manières d'améliorer, par le *capital* et par le *temps*. Seulement j'ajouterai que ces deux manières de procéder reposent sur le même moyen d'action.

Celui qui améliore *par le temps*, met en réserve chaque année l'accroissement de ses ressources, pour en former un *capital*, qu'il accumule en le confiant successivement à la terre qui l'a produit.

C'est ainsi que, dans une usine industrielle, un administrateur sage grossit son capital en augmentant ses machines et ses approvisionnements, au lieu de distribuer des dividendes.

Cette manière de procéder est celle qui a rendu les plus grands services à la culture et lui a assuré le plus de ressources. Le capital né de la terre aime à y rester au lieu de s'égarer dans les spéculations éloignées, et je ne suis pas de ceux qui l'ont vu avec joie quitter la province pour aller chercher des bénéfices douteux dans les placements dont le centre principal est à Paris.

Mais il n'en est pas moins vrai qu'il faut commencer la culture avec un capital apporté du dehors, — et qu'au moment présent, pour maintenir un juste équilibre dans la production du pays, il importe de diriger vers le sol une partie des capitaux formés loin de lui. Pour arriver à ce résultat, que la liberté seule peut déterminer, il faut leur montrer qu'ils recevront de la terre la plus fructueuse et la plus solide des rémunérations.

J'ai donc apporté dans la culture de mes domaines à moitié quelque accroissement de capital pris en dehors de leurs profits mêmes; mais je l'ai fait avec une grande réserve, afin d'arriver à les améliorer tous et de pouvoir être imité. — J'ai cherché surtout à améliorer, comme on dit, *par le temps*.

Les adversaires du métayage, en présence desquels je tiens toujours à me placer, me diront peut-être qu'il eût mieux valu confier ce capital avec le sol même à mes anciens métayers,—les créer ainsi fermiers de toutes pièces, en leur demandant seulement un intérêt modéré, et laissant à l'activité de leur intérêt personnel une influence exclusive et entière sur les deux moitiés des produits.

Confier ainsi non-seulement la terre, mais un capita mobilier et facile à dissiper, à ceux qui n'auraient pu garantir ni le revenu de l'une, ni le principal et les intérêts de l'autre, aurait été sans doute une opération très-bienveillante, mais trop imprudente pour être souvent répétée. — Je doute qu'elle eût été fort imitée. — Je doute même que les métayers eussent consenti à l'accepter et à recevoir des avances dont en définitive ils auraient dû répondre seuls ; — je les ai vus plusieurs fois refuser l'augmentation immédiate de leurs cheptels, dont ils auraient été débiteurs, préférant attendre de l'élevage seul un accroissement de bestiaux, exposé sans doute aux mêmes hasards que le cheptel, mais dont ils ne doivent la valeur à personne.

Le résumé du capital engagé dans mes diverses améliorations se trouve placé à la fin du mémoire. J'en indiquerai ici les éléments.

Éléments du capital engagé. — Les premières valeurs que j'aie dû porter en compte ont été les retards d'une demi-année au moins dans la rentrée du revenu que me donnait le fermier général. — Il payait à la fin de chaque année de jouissance, et quand cette époque arrive pour le propriétaire exploitant lui-même sa moitié, la récolte de l'année est en meules, et il faut bien en moyenne six mois pour qu'elle soit battue, vendue et payée.

Il faut aussi prévoir les avances en grains ou en argent qu'il est inévitable de faire dans une certaine mesure à un certain nombre de métayers. — Les mauvaises récoltes, les accidents ou les situations particulières, rendent souvent ces avances nécessaires, pour diverses raisons dont quelques-unes ont été indiquées plus haut. Les métayers endettés ne sont pas toujours les moins actifs, ni les moins intelligents.

J'ai dû marner, chauler, drainer, faire des routes ; on trouvera plus loin le compte de ces travaux.

J'ai dû augmenter les cheptels, rembourser aux fermiers généraux la moitié des augmentations de bestiaux existantes à leur sortie, conserver dans les domaines l'augmentation nouvelle créée par mes premières années d'exploitation.

Le compte capital de ces diverses valeurs de bestiaux est établi par le tableau n° 2, d'où il ressort que j'avais, au 31 décembre 1860, augmenté de 63,237 francs la valeur des bestiaux qui m'appartiennent dans les domaines.

L'inventaire général des bestiaux des 17 domaines s'élevait, à la même époque, à 122,298 francs, ainsi répartis :

Cheptels actuels	61,512	122,298
Augmentation de bestiaux — moitié appartenant au propriétaire	30,393	
— moitié appartenant aux métayers	30,393	

Bâtiments. — Pour loger cet accroissement de bestiaux, celui que l'avenir amènera, et les récoltes nécessaires pour les nourrir, j'ai dû augmenter le nombre des bâtiments, des écuries, vacheries, granges, etc.

Je ne devais pas avant tout négliger les habitations des laboureurs ; la plupart furent agrandies, renouvelées, aérées par de nombreuses ouvertures ; quelques-unes furent bâties entièrement à neuf. Ce travail se continue.

L'état n° 3 donne le détail de ces dépenses, qui s'élèvent à ce jour à 138,093 francs.

Je combinai moi-même les plans de ces divers bâtiments, dont quelques-uns seront joints à ce mémoire. Je m'appliquai à modifier les anciens plans, en donnant plus d'élévation aux murs au-dessus des solivages pour obtenir plus de logement dans les greniers, — en augmentant l'espace donné par tête de bêtes à cornes ou de chevaux, — en facilitant l'écoulement des urines, en aérant les étables et écuries par des ouvertures prudemment ménagées ou des cheminées de ventilation, etc., etc.

IV.

ASSOLEMENTS.

Le mode d'assolement constitue la partie la plus tenace des habitudes des pays arriérés, comme souvent aussi la plus importante des réformes à y introduire.

Toutes les habitudes de la vie de chaque jour, la succession traditionnelle et routinière des travaux, se lient à l'assolement ; l'avantage d'une modification importante se trouve souvent paralysé, comprimé par les combinaisons utiles qu'elle dérange, et auxquelles il faut aussi pourvoir. La terre ne se prête pas immédiatement aux agencements nouveaux dont il faut attendre longtemps les bénéfices, et en attendant il faut trouver le fermage et le pain de chaque jour.

Sur ce point surtout, le temps et la prudence sont indispensables ; les règles inflexibles, les évolutions ordonnées avec une trop systématique symétrie rencontrent bien des obstacles, bien des dangers, que le sentiment intelligent du progrès doit savoir éviter.

L'assolement est à peu près le même dans les divers

cantons dont je m'occupe; seulement, dans les terres pauvres, et surtout dans les domaines d'Aubigny, une étendue assez considérable est laissée en dehors de l'assolement proprement dit, pour y rentrer ensuite, après s'être reposée pendant un certain nombre d'années consécutives.

Les domaines se composent presque tous de terres labourables, de prés assez dispersés, et de pacages boisés abandonnés aux bestiaux sans aucune culture. — Les bruyères ou brandes incultes, dépendant de la propriété, n'étaient pas réunis aux domaines; ceux-ci conservaient le droit d'y mener paître leurs bestiaux de toute nature, partageant ordinairement ce droit avec un grand nombre d'usagers. — Les moyens que j'ai essayés pour tirer parti de ces bruyères, et les résultats que j'ai obtenus, sont l'objet d'un article à part dans ce mémoire.

Je pris immédiatement un parti pour les pacages boisés. Tous ceux qui pouvaient se convertir en prés naturels, furent arrachés, dessouchés; on y établit autant qu'on le put de petites irrigations en régularisant les sources; on y roula les terres disponibles que l'on put trouver à proximité, et les cendres des domaines; on améliora la nature de l'herbe en y semant les graines des fonds de greniers.

Les pacages secs dans lesquels les solées de chêne ou autres bois étaient suffisamment serrées, furent recepés, gardés et convertis en bois.

Les autres furent défrichés et convertis en terres labourables.

Une très-faible partie fut conservée pour le pacage.

Groupe de Boucard. — Chaque domaine du groupe de Boucard se compose de 80 hectares en moyenne, dont :

70 hectares de terres labourables;
10 hectares de prés naturels.

Les terres labourables étaient cultivées en quatre soles :

1. Jachères (ou cassailles) labourées et fumées;
2. Froment;
3. Avoine;
4. Trèfle fauchable, ou pâture.

Quelquefois, lorsque les terres sont pauvres, ou fatiguées, on les laisse pendant deux ans ou plus en vieux trèfle ou pâture : aussi est-il rare, excepté dans les domaines de très-bonne qualité, ou abondamment pourvus de prés, que la moitié des terres soit semée en céréales.

Cet assolement quadriennal, mais non alterne, est une excellente condition pour arriver à un assolement meilleur et complétement alterne.

Je cherche à me rapprocher de la combinaison suivante :

Prés naturels.	10	hectares.
Terres en luzerne, choisies parmi les meilleures et en dehors de la rotation.	6	»
1. Jachères labourées et fumées, betteraves, vesces	16	»
2. Froment.	16	»
3. 1/2 trèfle à faucher, 1/2 minette, raygrass, etc., pour pâture.	16	»
4. Avoine	16	»
	80	

Les luzernes bien entretenues restent en place, dans les mêmes champs, tant qu'elles ne se perdent pas ; pendant ce temps, on améliore les terres destinées à en porter d'autres, et plus tard on pourra régler et diminuer leur durée.

Les betteraves et vesces à couper en vert s'insinuent dans la jachère, et y gagnent en étendue à mesure que les fumiers augmentent.

Les fourrages annuels à faucher ou à pacager profitent de la fumure du froment et de la propreté de la terre.

Le trèfle, n'occupant que la moitié de la troisième sole, ne reviendra que tous les huit ans dans le même champ. — Cet assolement peut donc être considéré comme une rotation de huit ans.

J'aurais sans doute préféré ne pas semer le froment après les betteraves et semer les fourrages dans les avoines; mais l'assolement alterne est le plus maniable de tous, et il sera toujours facile de rentrer dans cette combinaison quand la culture de la betterave aura pu se développer.

En attendant, faire profiter de leur forte fumure les avoines au lieu des froments est une innovation difficile à faire accepter, et j'ai hésité plusieurs fois à l'imposer. — Cette rotation exigera quelques modifications dans les fumures; je les indique en la plaçant à côté de la première.

1. Betteraves, Vesces, Jachères fumées à 40 mètres.	1. Betteraves, Vesces, fumées à 40 mètres.
2. Froment.	2. Avoine.
3. Trèfle à faucher.	3. Trèfle à faucher.
4. Avoine.	4. Froment fumé à 20 mètres.
5. Jachères fumées à 40 mètres.	5. Pâture, minette, trèfle blanc.
6. Froment.	6. Avoine.
7. Pâture, minette.	7. Jachère fumée à 40 mètres.
8. Avoine.	8. Froment.

Groupe de Nancré. — Les deux meilleurs domaines du groupe de Nancré n'ont que 60 hectares environ chacun.

Dont :

48 en terres labourables;

12 à 13 en prés.

Les autres sont des domaines plus pauvres, se rapprochant de ceux d'Aubigny. Les bâtiments principaux de l'un deux ayant brûlé, j'ai trouvé plus avantageux de semer la majeure partie des terres en bois, et de réunir les prés au domaine voisin.

Cette proportion plus forte de fourrages naturels a conduit à restreindre les pâtures, et les terres labourables sont partagées exactement en quatre soles, ainsi qu'il est dit pour celles de Boucard.

L'humidité excessive du sol rendant la réussite des herbes artificielles presque impossible, je n'ai pu les étendre avant d'avoir avancé les drainages et marnages, dont je parlerai plus loin.

Groupe d'Aubigny. — Les domaines d'Aubigny sont plus considérables et comprennent chacun à peu près 100 hectares, dont environ :

80 en terres labourables;
12 en prés.
8 en pâtures boisées.

Les 80 hectares de terres labourables se cultivent ainsi :

12 à 13 en cassailles (jachère labourée) ;
12 à 13 en froment;
12 à 13 en avoine;
12 à 13 en trèfle ou herbages ;
32 à 28 en repos ou pâture.
80

Il n'y aura rien à changer d'ici à longtemps aux proportions de cet assolement; le point principal est d'augmenter la valeur pacagère des terres en repos. Bien peu peuvent porter des luzernes; mais quand les marnages et les fumures augmentées auront produit tout leur effet, j'ai lieu d'espérer que ces vastes espaces de 25 à 30 h. par domaine offriront un secours plus précieux chaque année pour l'éducation des bestiaux.

Il serait bien long et je crois assez inutile de dire dans

quelle proportion exacte je suis arrivé, pour chacun des domaines séparément, à me rapprocher de l'assolement que je me propose d'atteindre.

Je donnerai seulement ici, avec détail, les cultures en 1861,

1° Des deux domaines du Plessis et du Pont, à Boucard, pour les terres de meilleure qualité;

Et plus loin celles :

2° Du domaine du Grayon à Aubigny, pour les domaines avec défrichement de bruyères;

3° Enfin du domaine de Mazières.

DOMAINE DU PONT.

Les cultures en 1861 sont ainsi partagées :

Betteraves		2h.64
Vesces		1 92
Cassaille		6 68
Froment	19h.00	29 64
Avoine	10 64	
Trèfle		10 37
Pâture minette		7 35
Luzernes		6 »
Prés naturels		10 46
Jardins, chenevières		0 71
Pacages		0 27
Total du domaine.		76 04

DOMAINE DU PLESSIS.

Betteraves	2h. »
Vesces	2 »
Cassailles	6 60
A reporter.	10h.60

Report		10h.60
Froment	16h.60	29 10
Avoine	12 50	
Trèfle, minette.		14 87
Pâture		8 11
Luzerne.		6 12
Pacages boisés.		3 04
Prés nouveaux.	7h. »	15 77
Prés anciens	8 77	
Jardins, chenevières		0 31
TOTAL du domaine.		87h.92

Les terres semées en trèfle ou autres herbages annuels dans les quatre domaines de Boucard en 1860 étaient de 64 hectares, soit 16 par domaine, ou le quart de la rotation (sans compter les luzernes).

On voit par ces divers états que notre culture s'appuie sur une forte proportion de cultures fourragères ; l'accroissement de la valeur du bétail en a déjà été le résultat et la rémunération.

V.

ENGRAIS, AMENDEMENTS ET TRAVAUX DIVERS.

J'arrive au point le plus important des améliorations à introduire dans les cultures à moitié, à la réforme qui demande le plus de suite, de lutte et de volonté.

Quand je commençai à m'occuper de ces domaines, je fis mesurer partout avec soin les quantités de fumier portées dans les terres, sur les cassailles d'automne, seul mode en usage.

Je constatai que l'on ne fumait guère qu'à raison de 18 mètres par hectare (16 à 20 mètres), quelquefois moins.

Ce fumier, mis avec soin en tas depuis le mois de Novembre jusqu'au mois d'Octobre suivant, était réduit en pâte compacte, connue sous le nom de beurre noir.

Les expériences que je fis faire à diverses époques, pour en fixer le poids, donnèrent des résultats très-variables, suivant la température de l'année ou l'humidité du jour auquel avait lieu l'expérience.

Je crois pouvoir adopter cependant comme base assez approximative de mes calculs que le mètre cube de fumier réduit pesait de 700 à 750 kilos.

C'était donc une fumûre de 15,000 kilos au plus pour les trois années de froment, avoine et trèfle. — Soit 5,000 kilos par an.

Comment arriver à une plus forte fumure, but de tout progrès ?

Sans doute, si, en doublant la fumure, on eût doublé la récolte, ainsi que paraissent l'affirmer quelques agronomes distingués, la solution eût été facile. — En diminuant de moitié la superficie ensemencée, on eût doublé le fumier sur la partie conservée et récolté la même quantité de grains.

Mais mon expérience personnelle contestait absolument ce résultat.

Je ne parle pas seulement d'épreuves restreintes que j'ai fait faire à plusieurs reprises sur des champs de 50 ares chacun ; les résultats, assez divers, m'ont cependant amené en moyenne aux mêmes conclusions que mes observations plus générales sur l'ensemble des domaines.

Je crois pouvoir affirmer que le doublement des fumiers n'augmente que de moitié les premières récoltes ; — que le champ qui rendait par exemple 16 hectolitres l'hectare avec 20 mètres de fumier, n'en rendra que 24 avec 40 mètres.

J'essayai donc inutilement de faire restreindre les emblavures et doubler les fumures par hectare, la quantité de fumiers produits restant la même. — Les métayers résistèrent avec persistance ; dois-je ajouter qu'ils avaient raison ?

Il leur importe beaucoup en effet, de ne pas diminuer la moyenne du grain produit sur le domaine ; cette quantité est celle qui est nécessaire à la nourriture annuelle de leur famille. — L'augmentation des superficies labourées, ou de la main-d'œuvre, leur importe peu. La main-d'œuvre est leur richesse personnelle ; ils tiennent à n'en perdre aucune partie, et ils ne sont pas convaincus qu'elle fût plus fructueusement employée par eux à d'autres travaux qu'au labourage destiné à produire des céréales.

Quant à l'amélioration progressive de la valeur productrice du sol par les fortes fumures et par l'engrais qui reste en terre après les récoltes, il faut convenir que cette valeur ne se retrouve qu'après plusieurs rotations : elle profite au propriétaire qui peut l'attendre ; mais le métayer ou fermier, pressé de récolter, doit y attacher moins d'importance.

Je fus donc obligé de m'y prendre autrement, et de chercher dans un supplément de fumiers, *achetés hors de la ferme*, le moyen d'augmenter les fumures sans diminuer les emblavures, et d'augmenter surtout les pailles destinées plus tard à grossir les pelotes de fumier.

Les guano vinrent merveilleusement à mon aide.

Je crus reconnaître que 100 kilos de guano produisaient

dans mes terres un effet égal à celui de 10 mètres de fumier, — 300 kilos de guano pour 30 à 32 mètres de fumier.

Je sais que ce chiffre ne ressortirait pas directement de la comparaison des quantités d'azote contenues dans l'une et dans l'autre fumure, et que, d'après les valeurs en azote indiquées par les maîtres de la science, les 100 kilos de guano ne vaudraient pas les 10 mètres de fumier (*).

D'où vient donc ce supplément de puissance effective que j'ai trouvée dans le guano? Accroît-il la production aux dépens de la richesse antérieure du sol? — Absorbe-t-il avec force l'humidité de l'air et s'augmente-t-il d'une certaine quantité d'azote pris dans l'atmosphère? Le phosphate de chaux qu'il contient ne joue-t-il pas un rôle important, dont il faut tenir grand compte?

Quoi qu'il en soit, le résultat de 300 kilos de guano valant 30 mètres de fumier m'a paru assuré, et je l'ai pris pour point de départ.

J'adoptai exclusivement le guano comme engrais supplémentaire pendant plusieurs années. — Non pas que d'autres engrais ne pussent le valoir, peut-être même produire un effet égal pour un chiffre de dépense inférieur, — mais le guano me parut de tous ces engrais le plus expérimenté, le plus sûr, le plus régulier. — Il ne s'agissait pas pour moi de faire des expériences, mais de convaincre mon public; en ne le fatiguant pas par des comparaisons diverses, mais en fixant son attention sur une seule et constante épreuve, j'espérai arriver plus promptement à son esprit.

(*) En effet, 100 kilos de fumier contiennent 0k40 azote; 1 mètre ou 750 kilos contiennent donc 3 kilos d'azote, et 10 mètres = 30 kilos d'azote. Si le guano ne donne, comme on le dit, que 15 p. c. d'azote, 100 kilos de guano ne donneront que 15 kilos d'azote et ne représenteront que la moitié seulement des 10 mètres de fumier.

Je renonçai même à un mode d'emploi du guano qui doit souvent être le meilleur, aux demi-fumures en couverture sur des fumures insuffisantes en fumier.

Je pensai qu'en mêlant les deux fumiers, je ferais ressortir d'une manière moins incontestable l'effet de l'engrais nouveau.

Je décidai donc que la totalité du fumier produit dans chaque domaine serait employée à raison de 30 à 32 mètres par hectare, et que, lorsqu'il serait épuisé, les terres labourées et restant à fumer recevraient 300 kilos de guano par hectare.

Dès que les fumiers auront sensiblement augmenté, je porterai les fumures à 40 mètres par hectare.

Dès les premières années l'effet fut excellent ; les froments au guano valurent ceux au fumier par la beauté, par le rendement en grains et en paille. — On me dit bien quelquefois : « Votre guano ne vaut pas mieux que notre fumier. — D'accord ; mais je trouve sans peine à acheter du guano, et qui donc voudrait nous vendre son fumier ? »

On convint donc bientôt des bons effets du guano. — Mais tout n'était pas dit pour cela. — Il fallait le payer. Je convins qu'il serait porté par moitié au compte du métayer et au mien, et que je ferais toutes les avances. — — Mais dépenser 20 francs pour en gagner 30, quelle opération inusitée et répugnante pour un laboureur ! — Je fis patiemment à chacun des calculs qui me parurent bien clairs ; je payai à mon compte seul les premiers essais, je montrai et racontai les résultats obtenus sur quelques terres de réserve, enfin je fis sentir avec résolution les droits que me donnaient les baux, et je suivis d'assez près les opérations pour qu'on me doutât pas de mon imperturbable volonté.

Tous les ans, au commencement d'août, mes représentants dans chaque groupe cubent les tas de fumier dans les cours, et m'envoient par domaine un état des quantités existantes, avec une évaluation approximative des fumiers qui pourront être faits avant les semailles. Ce total divisé par 32 donne la quantité d'hectares que l'on peut fumer au fumier de ferme ; en le comparant à l'état de contenance des terres préparées pour l'emblavure, on établit le nombre d'hectares qui restent à fumer au guano, et la quantité nécessaire est expédiée du magasin central à chaque domaine.

Quand on commence à rouler les fumiers, une grande surveillance est organisée pour contrôler les premiers calculs, que plusieurs circonstances peuvent rendre incertains. Les gardes parcourent les champs, mesurent les distances qui séparent les lignes de fumerons, et celles des fumerons entre eux ; ils s'assurent du cubage moyen des voitures de fumier, et du nombre de fumerons faits par voiture; ils savent ainsi facilement le nombre de mètres roulés dans chaque champ; les rapports me sont envoyés, et si les quantités sont au-dessous de mes instructions, elles sont complétées par des équivalents de guano.

Tout ce mécanisme marche assez bien maintenant, et ne se dérangera pas tant qu'il sera suivi avec fermeté.

La culture des betteraves et des vesces de printemps conduit à rouler de bonne heure une partie des engrais. — J'arrive ainsi, à mesure que les assolements se perfectionnent, à ne pas laisser les fumiers plus de trois à quatre mois en pelote.

Je fis faire dans la plupart des domaines des emplacements nouveaux pour les fumiers, avec *fosses* à purin; les cours sont terrassées de manière à ce que l'eau des toitures ou les courants d'orages n'arrivent pas aux fumiers; ils ne reçoivent que l'eau du ciel qui tombe directement sur leur superficie. Le fond des places à fumier est rendu aussi imperméable que possible, sans dépenses exagérées, et ses pentes sont dirigées vers la fosse ou trou à purin, qui reçoit les jus et eaux du tas de fumier. — Son trop plein est autant que possible dirigé vers les prés voisins du domaine. Des pompes de divers modèles sont placées sur cette fosse, soit pour arroser le tas et en diriger la fermentation, soit pour faire monter les jus dans des tonneaux et les porter sur les prés en saison convenable.

Les jus des étables sont, autant que possible, dirigés vers les fosses, mais les vieilles dispositions des bâtiments rendent souvent ce but difficile à atteindre. Je préfère alors faire absorber les jus par les litières en les accumulant pendant un certain temps. — Ce procédé sera encore meilleur quand les pailles seront plus abondantes, et qu'on pourra chaque jour recouvrir les vieilles litières d'une couche fraîche plus épaisse.

Marnages et chaulages. — Mais dans des terres froides, dépourvues d'éléments calcaires et souvent humides, cet accroissement de fumure ne produirait qu'une faible partie de son effet sans la marne ou la chaux.

De même que la marne ou la chaux, sans accroissement de fumures, seraient pour le propriétaire la plus périlleuse des entreprises, épuisant le sol en le faisant produire aux dépens de sa fécondité naturelle ou accumulée.

Le métayer aime les marnages; ils ne lui coûtent que de la main-d'œuvre et quelques dépenses d'entretien de voitures, bien compensées par l'accroissement des récoltes. Il en a fait de tout temps. L'avenir escompté au profit du présent le touche peu, et, d'ailleurs, ne marnant qu'avec ses propres ressources, et pour ainsi dire aux heures perdues de ses attelages, il marnait peu à la fois, et ce qu'il pouvait faire chaque année n'était pas trop en disproportion avec les fumiers dont il pouvait disposer.

Je pensai qu'il serait mal entendu de conduire aussi lentement une opération fructueuse, mais, en même temps, il me parut nécessaire d'en changer les conditions.

Quoiqu'il fût d'usage que tout le matériel appartînt aux métayers, je fis faire à mes frais un supplément de tombereaux neufs. — J'augmentai les cheptels d'un certain nombre de chevaux ou de bœufs, destinés au roulage des marnes. — Je convins dans plusieurs domaines qu'un domestique spécial serait chargé de ce service, qu'il serait payé par moi et que le métayer n'aurait qu'à le nourrir.

Je fis faire partout de nouvelles recherches de marnes. Les abords des anciennes marnières furent améliorés, et à l'aide de nivellements on parvint sur plusieurs points à charger à peu près de niveau, là où il fallait extraire au moyen de trous très-profonds. — On fit de nombreux sondages pour extraire au puits, et trouver les points où les eaux ne gêneraient pas ce mode bien préférable d'extraction. — Je réussis surtout dans la terre d'Aubigny, où l'extraction au puits n'avait pas encore été pratiquée; d'importants amas de marne, très-homogène, sont maintenant au jour, et attendent les voitures en toute saison.

Je répète que ce marnage plus actif est un grand péril s'il n'est associé à une augmentation de fumure; je le fis comprendre de toutes les manières aux métayers, et déclarai que les roulages de marne, qui sont de leur goût, cesseraient immédiatement le jour où l'on chercherait à éluder mes instructions pour les fumiers.

Je dus aussi étudier les dépenses comparatives du marnage et du chaulage; je reconnus que, pour plusieurs domaines de la terre de Boucard, un peu éloignés des marnières, le chaulage offrait une notable économie, du moment où l'on employait des attelages spéciaux, dont le temps avait une valeur réelle et comptable. — Les notes jointes à ce rapport donnent les chiffres de ce calcul, dans lequel on a dû, naturellement, tenir compte de la durée différente des effets du marnage et de ceux du chaulage, et ramener les calculs à une dépense et à un effet annuel.

J'ajouterai qu'à dépense égale, le chaulage me parut avoir un avantage important, celui de pouvoir diviser le capital nécessaire à l'opération, et l'employer en deux fois pour une même période. On peut ainsi mettre immédiatement la totalité des terres en valeur, avec une avance de moitié moins forte.— Lorsqu'il faudra renouveler le chaulage, la somme dépensée au début aura eu le temps de se reformer par les bénéfices.

J'ai lieu de penser que l'effet du marnage dure vingt ans et celui du chaulage dix ans; il devra donc être renouvelé au bout de dix ans pour durer autant que la marne.

Je fis construire à Boucard un four à chaux spécial pour mes travaux; je le fis marcher au moyen de houille achetée sur la Loire. Cette chaux me revient de 0 fr. 90 c. à 1 franc l'hectolitre. (Voir le détail aux notes.) Je l'emploie à raison de 100 hectolitres ou 10 mètres par hectare dans les domaines de Boucard; il en a été roulé 3,387 hectolitres dans le courant de l'année 1860. Cette fabrication sera rendue encore plus active en 1861.

Dans ces mêmes domaines, je marne à raison de 100 mètres par hectare. C'est dix fois le volume et quinze à seize fois le poids de la chaux à transporter.

Dans les domaines de Nancré, où les terres sont particulièrement froides, je marne à raison de 150 mètres par hectare.

On marnait moins fort autrefois, mais les labours étaient très-superficiels ; maintenant que les charrues en fonte sont adoptées partout, j'exige une augmentation progressive de la couche retournée, et elle demande, par conséquent, une quantité plus grande de marne ou de chaux.

Les fossés et pièces d'eau du vieux château de Boucard sont traversés par les eaux de la Sauldre, qui les avait presque entièrement comblés par des dépôts de limon. — Je les ai fait curer. — Cette opération, qui m'a coûté 4,800 francs, a produit 8,660 mètres de vase. Je la laisse s'égoutter, et j'en mélange une partie avec de la chaux; mes chevaux et ceux des domaines la conduisent dans les terres et sur les luzernes. J'attends de très-bons résultats de cette opération assez coûteuse.

Drainages. — Le drainage doit offrir à mes améliorations l'emploi d'un capital annuel considérable. J'ai commencé et je continuerai successivement sur tous les domaines cette opération importante.

En 1850. je faisais exécuter à Nancré le premier drainage essayé dans notre canton, avec des ouvriers que m'avait envoyés M. Lupin de Lorrois. J'appelai l'attention du public du voisinage sur ses bons résultats, mais ce fut plus tard que je commençai sérieusement les travaux.

Je les concentrai d'abord à Nancré sur les domaines de la Motte et du Château; — à Boucard, sur le domaine de la Brosse.

En 1861, j'ai 50 hectares de terres drainées à Nancré.
20 hectares à la Brosse.
10 hectares en divers lieux.

Total : 80 hectares.

Je draine en général à 1m20 de profondeur avec 10 mètres d'intervalle entre les drains. Les agents de l'administration m'ont donné le plan des premiers travaux, mais maintenant les plans se font sans leur concours et réussissent parfaitement ; le travail est devenu courant pour les ouvriers du pays. Les drains se font à la tâche, la pose des tuyaux plus souvent à la journée ; les outils dont j'ai fait venir les premiers modèles, s'exécutent chez tous les taillandiers du pays. Le prix de revient est en moyenne de 240 francs par hectare, suivant le détail donné dans les notes.

En 1849, j'obtins du ministre, pour la Société d'agriculture du Cher, l'envoi de deux machines anglaises à fabriquer les tuyaux ; nous choisîmes les machines Withead à simple effet. L'une d'elles fut envoyée dans mon arrondissement ; elle fut copiée par un serrurier d'Henrichemont, qui en livre d'excellentes.

Plusieurs tuileries du pays fabriquent maintenant des tuyaux. — Celle qui m'appartient à Boucard ne travaille que pour moi ; je lui ai donné une machine ; les tuyaux, de tous diamètres, sont excellents.

Les effets du drainage se font déjà sentir d'une manière évidente ; des terres où le froment réussissait rarement et le trèfle jamais, sont maintenant couvertes de récoltes abondantes ; on peut les cultiver en tout temps.

Instruments, labours. — Les labours se font presque tous avec les attelages de bœufs. On touche rarement aux terres avant le printemps, les chaumes servant au pacage des bêtes à laine. — On donne trois labours de mai à septembre, et l'on enterre les semences à la herse ou à la charrue. La culture en petits billons est seule en usage dans les terres d'Aubigny. A Boucard, le fermier général avait fait commencer et l'on a adopté plus généralement la culture en planches.

La terre était autrefois à peine effleurée par la charrue ; depuis que l'on a adopté les charrues en fonte (toujours avec avant-train), la profondeur des labours est plus grande. — Je fais presser très-activement les métayers, pour qu'ils l'augmentent progressivement. — Les travaux de drainage ont fait connaître, dans plusieurs champs, des épaisseurs de terre végétale dont on était loin de se douter; je les fais retourner profondément. Ces terres sont si peu engraissées que cette opération n'a pas pour inconvénient d'enfouir une superficie déjà suffisamment fertile; il faut presque toujours agir comme dans des terres neuves, et chercher seulement à les diviser, à les ameublir, à les rendre perméables, et ne compter que sur les fumures de l'avenir.

On a conservé presque partout la coutume de moissonner à un pied de terre et de revenir enlever le chaume à la main vers le mois de novembre. — Cette combinaison a l'avantage de rendre la moisson plus expéditive et de demander moins de place dans les granges pour les gerbes; mais elle gaspille la meilleure partie des pailles, elle interdit de songer aux froissis et déchaumages d'automne. — La cherté de la main-d'œuvre amène à faucher les blés, et cette nécessité fera cesser toutes ces mauvaises habitudes. — J'ai acheté à mes frais et mis à la disposition des métayers plusieurs scarificateurs. J'espère arriver à en faire apprécier l'emploi.

La machine à battre est maintenant partout adoptée ou désirée. J'emploie les machines mobiles qui se transportent d'un domaine à l'autre. J'en ai cinq à ma disposition, des modèles de M. Pinet d'Abilly et Gérard de Vierzons.

Pour mes défrichements de bruyères, j'ai la grande machine mobile de Cumming d'Orléans, et une locomobile à vapeur anglaise, fabriquée chez Hornsby, et premier prix de l'exposition universelle de Paris en 1856.

Pour le nettoiement des semences j'emploie le crible

Pernollet, le trieur Vachon et le nouveau trieur de M. Marot (de Niort).

J'ai distribué à mes frais dans les domaines des coupe-racines de divers modèles pour les engrais de bestiaux aux betteraves.

J'ai le rouleau Croskill, fabriqué chez moi, les concasseurs de tourteaux et d'avoine, le rateau à cheval de Smith, la charrue Howard, les herses en fer articulées, etc. — Mais plusieurs de ces instruments sont plutôt à la disposition de mon public, qu'ils ne sont goûtés par lui.

Le mobilier aratoire appartenant au métayer peut valoir environ 2,500 francs par domaine.

Rendement en grains. — Tous ces travaux divers, cette augmentation des fumiers, des marnages, etc., ont déjà porté des fruits importants, qui devront s'accroître à mesure que la terre se saturera du fumier que lui laisse chaque récolte. — Je donnerai plus tard les résultats en argent. —En parcourant les tableaux imprimés et uniformes, que je fais remplir chaque année, pour chaque domaine et pour chaque pièce de terre, afin d'établir et de comparer leurs produits en nature, on pourra constater que ces produits ont plusieurs fois atteint 30 à 32 hectolitres par hectare pour les froments, autant pour les avoines, et en moyenne, depuis quatre ans, 21 hectolitres pour les froments, 20 hectolitres pour les avoines, dans les domaines de Boucard, qui ne produisaient autrefois qu'une moyenne de 12 à 13 hectolitres pour les froments et avoines, ainsi que le constatent des estimations destinées à servir de bases aux fermages, en 1847.

A Nancré, la moyenne est de 20 hectolitres pour les froments, et 17 pour les avoines. — Elle était de 12 à 13 hectolitres (un nombre et demi la boisselée) dans les estimations de 1855.

VI.

ANIMAUX DOMESTIQUES.

Chevaux. — L'élevage des chevaux est parmi tous les soins du domaine celui qui tient le plus au cœur du laboureur de notre pays. — Cette valeur, qui s'accroît insensiblement chaque jour, *sans déboursés*, et qui se réalise à un moment prévu en espèces bien sonnantes, a pour lui des mérites particuliers, malgré les accidents assez nombreux de cette éducation.

Ce côté incertain n'est pas lui-même sans intérêt : il apporte avec lui l'attrait des affaires. Sans être maquignon, le paysan se plaît aux espérances et aux discussions du marché ; le jour de foire est pour lui ce que sont la Bourse ou le cercle pour l'habitant de Paris ; c'est là qu'il trouve les émotions de la spéculation et le mouvement des nouvelles.

Et cependant l'influence de ceux qui s'intéressent à lui cherche à l'éloigner autant que possible de ces occasions trop fréquentes de dépenses et de pertes de temps. Le commerce de chevaux est assez actif depuis plusieurs années ; on vient les demander dans les domaines, et il n'est pas besoin de les conduire souvent à la foire pour en trouver un bon prix.

La race de nos cantons est uniquement destinée au service de trait, — plutôt au labour et au roulage au pas, qu'au roulage accéléré. — Quelquefois un croisement fait par hasard avec un étalon du gouvernement donne un produit plus léger, ayant assez de nerf, et qui peut servir de cheval de troupe ou de bidet de trot. — Mais c'est un but d'élevage qui n'est pas régulièrement poursuivi. — Il pourrait réussir, mais il serait évidemment moins profitable que celui des bêtes de trait. — Il ne pourrait surtout s'établir que lorsque la conformation générale des poulinières aurait été sensiblement modifiée.

Ces juments sont en général de taille moyenne, assez larges de poitrine et de reins, trop ensellées, avec des croupes fendues par le milieu, beauté fort admirée encore et dont le temps seul pourra faire comprendre l'imperfection. Elles ont en général assez d'énergie et de persistance au travail. C'est au fond une bonne race qui peut facilement servir de point de départ à des améliorations très-rationnelles.

L'étalon percheron et breton paraissent devoir surtout convenir aux premiers croisements. La race boulonaise ou picarde plairait au paysan par ses formes, mais doit être écartée parce qu'elle augmenterait les défauts déjà existants. J'ai amené dans les domaines et j'ai entretenu chez moi plusieurs étalons percherons, achetés dans les environs de Chartres : ils ont été peu appréciés. Les formes particulières de la poitrine et des jambes du percheron ne séduisent pas ceux qui ne connaissent pas d'avance la nerveuse énergie de cette race. — Des étalons rouleurs, promenés tous les ans par des spéculateurs du Nivernais, ont eu plus de succès. Je continuerai mes essais, mais en y mettant beaucoup de prudence et de diplomatie. Rien n'égale le chagrin du métayer auquel on impose un étalon dont il ne croit pas pouvoir tirer un produit conforme aux goûts des foires du pays. — Les juments sont pourtant beaucoup meilleures qu'il y a dix ans, et ce résultat n'aurait pu être obtenu sans un choix mieux entendu de reproducteurs.

Chaque domaine a en général un étalon élevé dans la maison, et environ cinq ou six juments ou pouliches. Les accidents, les intervalles prolongés entre les saillies, les avortements, etc., réduisent à une moyenne de deux poulains par an l'élevage des domaines. On les garde en général jusqu'à deux ans et demi ou trois ans, ce qui constitue une présence de six ou sept élèves, et pour l'ensemble de l'écurie douze ou treize têtes de chevaux.

On garde les pouliches en général pour remplacer les vieilles juments dont on se défait. On vend les poulains à trois ans, de 6 à 700 francs; les pouliches, de 4 à 500 francs.

Les juments, par attelage de trois, font tous les transports et quelques labours. — Les élèves vivent, pendant la bonne saison, dans les pacages boisés, sur les terres en pâture, un peu dans les prés après la fauchaison ; on leur donne du foin en hiver à l'écurie. — Ils peuvent consommer, depuis leur naissance jusqu'à l'âge de deux ans, environ 3,000 kil. de foin et 3 à 4 hectolitres d'avoine. A deux ans on peut dire que leur travail paie la nourriture qu'ils consomment.

Race bovine. — Je me suis presque absolument et systématiquement refusé à amener aucune race bovine nouvelle dans le pays avant d'être arrivé à un accroissement sensible de la production fourragère.

Les vaches nourries de tous les rebuts des greniers, et passant toujours, pour les soins et la nourriture, après les chevaux et les bœufs de travail, sont presque partout petites, en mauvais état et peu propres à faire de beaux élèves ; les races sont mêlées et sans caractère. Quand les enfants sont nombreux dans les familles des domaines, et cela arrive souvent, on élève peu de veaux nés à la maison ; le lait passe tout entier aux besoins du ménage, et l'on achète ensuite au hasard, dans les foires, des veaux de six mois; arrangement d'autant plus économique que le propriétaire en paye la moitié.

J'ai vu ainsi disparaître la race de plusieurs taureaux d'origines diverses que j'avais amenés dans le pays dans les premières années de ma gestion.

J'ai agi depuis plus prudemment; des états uniformes et imprimés, qui me rendent compte chaque année, tête par tête, du mouvement des animaux dans chaque domaine, me mettent à même de suivre de plus près le gouvernement des étables. — Les cultures fourragères augmentent, et pour avoir à ma disposition, tout acclimatés, des bestiaux de races meilleures, à placer comme reproducteurs dans les domaines, je les prépare moi-même dans ma réserve d'Aubigny et ma ferme de Mazières.

Pour les domaines d'Aubigny, où les fourrages pourront devenir abondants, mais ne seront jamais de qualité succulente, j'ai dû chercher des races rustiques et s'entretenant à peu de frais. J'ai pris les mères dans les meilleures races du pays, achetant (sans tenir au prix) soit des bêtes primées dans les comices, soit des bêtes de choix dans les domaines et les foires renommées du pays. J'ai choisi surtout les bêtes connues sous le nom de race *brette*, qui n'est à vrai dire que la race parthenaise, amenée dans les grandes foires par des marchands des contrées voisines de l'embouchure de la Loire. — Elle est regardée dans nos pays comme rustique et relativement assez laitière; ses formes sont médiocres, mais cependant plus régulières que celles des autres races, confuses et bariolées, qui changent de caractère à chaque génération, suivant les diversités de leur attavisme. — Son pelage est assez uniformément brun foncé, avec le museau marqué de feu. Le pelage n'a en lui-même aucune valeur, mais son avantage est de donner un moyen de suivre et de reconnaître une même race dans ses améliorations.

Je fis venir d'abord à ma réserve du Rheau (d'Aubigny) des taureaux de race schwitz, achetés à Grignon en 1848 et à l'exposition universelle en 1851. Ils plurent dans le pays, mais surtout par leurs défauts; — leur épais fanon était une beauté que l'on avait l'habitude de rechercher dans les taureaux du pays; leur forte ossature fut appréciée comme un signe d'énergie pour les labours difficiles. — Les taureaux de ce croisement furent pris avec satisfaction dans les domaines. — Je gardai et élevai les génisses, pour en composer plus tard ma vacherie de réserve.

Vers le même temps, on introduisait à l'institut de Versailles la race d'Ayr, renommée pour ses qualités laitières, sa rusticité et ses excellentes formes. Je pensai qu'elle devait remplir les conditions que je cherchais. M. de Sainte-Marie voulut bien indiquer à mon ami le marquis de Dampierre le nom d'un fermier des environs de Glascow dans lequel il avait confiance; l'affaire se traita par correspondance, et il nous arriva un convoi parfaitement choisi, que nous partageâmes avec M. Durecu. Nous n'avons pas cessé tous les trois, depuis cette époque, d'élever la race pure d'Ayr et de nous disputer amicalement les prix des concours, en étudiant cependant les qualités diverses de cette race dans les animaux, assez différents les uns des autres, qui nous étaient tombés en partage.

J'avais un taureau (Albert) et deux vaches de robe rouge assez égale et non mouchetées, comme la plupart des vaches d'Ayr. L'une (Glascow) remporta le premier prix au concours général de 1851, et l'autre (Vittoria) le sixième au concours général de 1856.

Elles m'ont donné régulièrement deux produits tous les

ans ; j'en ai livré au boucher quelques-uns qui m'ont paru inférieurs ; j'ai conservé toutes les mères et presque tous les taureaux pour me servir de reproducteurs. Ceux-ci ont tous été primés dans les concours. Tout en augmentant ainsi ma race pure et primitive, j'ai croisé mes taureaux avec des vaches du pays, choisies ainsi que je l'ai dit plus haut ; et plus tard avec des génisses provenant de mon premier croisement schwitz et race du pays.

Ces produits forment une sous-race dont je suis fort content, plus laitière que la race commune, plus fine de peau, fort bien acclimatée et ayant déjà de beaucoup meilleures formes. J'ai maintenant suffisamment de mères pour en monter complétement ma vacherie d'Aubigny ; je continuerai à les croiser avec mes taureaux d'Ayr. Je ne conserve chez moi que les plus belles pour remplacer les vieilles, et je place les autres dans les domaines vers l'âge d'un an, pour le prix que les métayers veulent m'en donner. — Je suis obligé d'être facile sur le prix, parce que les animaux de la race d'Ayr leur plaisent bien moins que les schwitz. Leur tête fine et leur encolure dégagée de fanon ne sont pas d'accord avec les types que l'on était habitué à admirer dans le pays. On se méfiait de leur aptitude au travail ; cependant j'ai déjà plusieurs paires de ces petits bœufs qui font un bon service. Je suis convaincu que lorsque l'âge sera venu de les livrer à la boucherie, ils prendront très-facilement la graisse, comme l'ont fait les taureaux que j'ai réformés et engraissés à Mézières, ainsi que quelques vieilles vaches que j'ai transportées dans un pays meilleur, et qui sont devenues stériles par suite de l'engraissement trop rapide que provoquait une nourriture plus riche et plus abondante.

Et pour donner en passant mon avis sur cette race devenue fort à la mode, je dirai avec les éleveurs et les écrivains les plus compétents du pays qui nous l'envoie, que ses origines primitives sont très-variées et par conséquent aussi ses qualités ; — que l'on retrouve chez elle les traces des sangs les plus divers, depuis le west-highland jusqu'au guernesey, mais habilement mêlés et amenés aux plus excellents résultats par la perfection de l'élevage. — Les animaux de souche qui me sont échus en partage et dont la supériorité m'est attestée par l'opinion des juges anglais, dans les concours internationaux, où elles ont battu les envois du prince Albert lui-même, — ces animaux, dont le mérite ne m'appartient pas, m'ont donné une race très-bonne de formes, laitière très-ordinaire dans un pays de nourriture médiocre (*), — mais éminemment remarquable par la manière dont elle s'entretient avec une alimentation relativement très-pauvre, dont la paille est la base principale, et avec du foin de qualité inférieure.

A ce titre elle me paraît très-bien convenir pour les domaines d'Aubigny, auxquels je l'ai précisément destinée, et où je continuerai à multiplier et à améliorer ma sous-race.

Elle ne sera pas suffisante pour les domaines de Boucard, quand ils seront arrivés à toute la production fourragère dont ils sont susceptibles. J'y ai donc laissé en paix la race du pays jusqu'à l'année dernière. — Mais à cette époque, ayant cessé de faire valoir en régie une ferme de 400 hectares, située sur les bords de l'Allier, et dans laquelle j'élevais depuis neuf ans sur une assez grande échelle, et sur des terres d'alluvion de première qualité, la race durham-charollaise, je réservai dans mon

(*) Je n'exprime aucune opinion sur les élèves nés dans d'autres pays que le mien, quoique j'aie eu connaissance de rendements très-médiocres en lait chez des bêtes primées, à côté de rendements extraordinaires déclarés par des éleveurs très-compétents.

cheptel les huit ou dix meilleures vaches, les unes pures durham, les autres provenant de croisements de vaches charollaises avec mes taureaux, purs durham, marengo et walter-scott, connus et primés dans les concours. — J'en plaçai quelques-unes dans de bons domaines de Boucard, et les autres à la ferme de Mazières, où je vais commencer avec la race durham pour Boucard ce que j'ai fait avec la race d'Ayr pour Aubigny.

C'est-à-dire que j'élèverai pour moi seul un très-petit nombre de reproducteurs de pur sang (si toutefois je ne préfère les acheter chez ceux de mes confrères qui font une industrie *spéciale* de les élever et de les acclimater), je les croiserai avec les meilleures race de notre région, (la race charollaise surtout (*)). Je répartirai les produits comme reproducteurs dans mes domaines améliorés de Boucard. Ils me coûteront ainsi moins cher que si j'allais les chercher au loin en grand nombre, et je connaîtrai parfaitement leur origine. — Quant aux inconvénients que la science tient à constater dans les races croisées, et dont le principal est de ne pas être suffisamment *fixées*, de reproduire souvent, en raison des lois de l'attavisme, les types divers de leurs origines déjà éloignées, je ne vois aucune raison de m'en inquiéter. Les origines de ma sous-race croisée seront toutes bonnes, et quelle que soit celle qui se montre d'une manière plus marquée dans les produits de l'avenir, elle vaudra toujours mieux que les races élevées maintenant dans les domaines.

La vacherie de Mazières est donc constituée aujourd'hui

(*) Peut-être aussi avec ma race d'Ayr, afin d'obtenir des bêtes plus fortes que les Ayr, mais moins exigeantes que les Durham. J'ai déjà reçu des prix et des mentions honorables pour des produits de ce croisement, et j'en indique le but pour répondre aux objections de quelques écrivains agricoles qui ont déclaré ne pas comprendre à quel titre ils avaient été primés.

pour cette nouvelle opération destinée à Boucard. — Celle du Rheau d'Aubigny suffira dorénavant aux domaines de ses environs.

Je ne signale que pour mémoire ce commencement d'élevage de purs durham et de leurs croisements ; ce n'est encore chez moi qu'une affaire d'expériences ou de luxe, si l'on veut. — Je ne regarde comme un mérite que la persévérance systématique avec laquelle je me suis refusé à l'introduction prématurée de ces races supérieures et séduisantes.

Je parlerai peu de l'engraissement des bestiaux ; il a été jusqu'ici bien mal suivi dans nos cantons. Il se bornait à rafraîchir de vieilles bêtes dans les regains des prés, à leur donner au bout de quelques mois un peu de vesces en vert ou à demi sèches, un peu de farine d'orge, et bien rarement des tourteaux, et à les vendre ensuite comme grasses dans les foires, où des marchands mieux avisés les achetaient souvent pour les faire engraisser plus sérieusement ailleurs. — On gagnait bien encore 80 ou 100 francs par tête à cette opération, et c'était une excellente manière de tirer parti des vieilles bêtes de travail et des regains ; mais elle était naturellement très-limitée et apportait peu d'accroissement au tas de fumier.

Depuis que j'ai fait commencer la culture de la betterave dans les domaines de Boucard, elle a amené avec elle l'engraissement d'hiver à l'étable. — Les métayers ont bien commencé à me raconter d'un air dolent combien les façons dont ils payent la moitié étaient chères, combien cette culture enlevait de fumier aux emblavures de froment, etc., etc. — Mais quand ils ont vendu leurs premiers bœufs avec 100 francs de bénéfice par tête après deux à trois mois d'étable, quand ils ont vu que l'opération pouvait se recommencer souvent, suivant l'état de leur culture de racines ; — quand ils ont pu constater que le produit de betteraves augmentait avec les fortes fumures, sans augmenter la main-d'œuvre ; enfin que l'étable des bêtes à l'engrais produisait les meilleurs fumiers de la cour, — je crois qu'ils ont un peu mis de côté leurs préjugés, et se prêteront dorénavant sans trop de difficultés à ces cultures, indispensables à l'amélioration de leurs domaines.

Bêtes ovines. — La question des bêtes ovines a plus d'importance dans les domaines d'Aubigny que dans ceux de Boucard ; elle est pourtant assez intimement liée dans les deux terres, dont l'une sert de débouché à l'autre.

A Aubigny on fait naître les agneaux ; Nancré les achète et les élève pendant plusieurs mois pour les vendre ensuite à ceux qui les engraissent au loin. — J'espère que cette opération finale se fera un jour dans les meilleurs domaines de Boucard, quand la culture de la betterave aura pris plus d'extension, et je pourrai suivre ainsi nos élèves depuis leur naissance jusqu'au jour où on les livre *à la consommation*, en réalisant leur valeur réelle et définitive.

J'ai trouvé les troupeaux des domaines d'Aubigny exclusivement composés de brebis de pure race solognote, aux jambes minces et hautes, aux têtes dénudées, et couvertes, ainsi que les jambes, d'un poil fin et rougeâtre. Cette race avait un avantage, celui de vivre de rien; — promenée dans les bruyères pour y manger les herbes de printemps, ou les jeunes pousses d'ajoncs, puis dans les chaumes de blés pour s'y nourrir des herbes adventices, ou dans les vieilles pâtures pour achever le peu de plantes qui s'y trouvent encore après la disparition du trèfle ou du ray-grass, elle ne recevait un peu de paille à l'écurie que pendant les grandes neiges, et encore, si une genetière était voisine du domaine, le troupeau allait en brouter les hautes tiges que la neigé ne pouvait couvrir. — On vendait les petites toisons, puis les agneaux de l'année, et, en fin de compte, on retirait du troupeau une somme assez ronde que l'on regardait comme le profit le plus clair du domaine et le plus facile à gagner.

Tout en appréciant ce produit bien assuré, n'y avait-il pas quelque chose à faire pour l'augmenter? Les bruyères se défrichent, les pacages s'améliorent, et quand la nourriture sera ainsi augmentée, il faudra de meilleures races pour en tirer parti. — Cette transition doit se faire avec une grande prudence : des races un peu plus molles pourraient se dégoûter d'une nourriture encore assez médiocre et dépérir; les pacages améliorés pourront donner une herbe trop vive qui engraissera les moutons pendant quelques mois et les disposera à l'appauvrissement du sang quand elle leur fera défaut. — Déjà l'on a, en plus d'une occasion, regretté la vieille bruyère, qui maintenait une certaine fermeté dans le sol et égalisait la nourriture en obligeant à la chercher par un long parcours et un constant exercice. — Des écoles ont été faites, et les miennes n'ont pas été moindres que bien d'autres. — Dans les bruyères défrichées dont je parlerai plus loin, j'ai vu mon troupeau, maintenu dans le plus brillant état jusqu'au commencement de l'hiver, par une herbe abondante, être atteint par la cachexie aqueuse en mars au moment de l'agnelage, et subir de cruelles pertes. Le sol défoncé, mais imperméable, offrait une surface humide, fatale aux bêtes qui le parcouraient, et mes bergères étaient trop heureuses de retrouver quelques parties de bruyères oubliées, pour promener plus sèchement le troupeau pendant les premières heures de la journée. Les mêmes accidents ne se sont pas présentés dans les anciens domaines, abondamment pourvus de vieilles terres sèches et caillouteuses, de bruyères que j'avais prudemment conservées, et de bergères expérimentées, habituées à une méfiance traditionnelle. — Le piétin nous a souvent donné bien des ennuis; mais parmi les six cents bêtes que possèdent aujourd'hui les cinq domaines du groupe d'Aubigny, la cachexie aqueuse n'a jusqu'ici fait aucun ravage.

Les croisements que j'ai essayés avec beaucoup de mesure ont très-bien réussi. — Il fallait se garder de songer à la molle nature des Dishley, ou à la finesse de laine des Mérinos. — J'ai d'abord envoyé quelques béliers des races améliorées des environs de Bourges; ils ont pu me servir à mélanger le sang des mères pour modifier la résistance tenace du vieux pur sang solognot. — Plus tard j'ai envoyé des béliers croisés south-down-berrichons; d'autres enfin se rapprochant du pur sang south-down, à mesure que je remarquais quelques modifications dans la construction et le lainage des mères. La race south-down, par ses formes arrondies et ses larges reins, par sa laine plus fine et plus tassée, surtout par sa renommée de rusticité et ses habitudes marcheuses, me parut convenir mieux que tout autre à la nature du pays et à la transformation lente de la race indigène.

Dans un de mes domaines, j'ai essayé les mêmes modifications en employant la race des Cheviots, dont j'avais acheté plusieurs béliers et brebis venus de Caithness, des rivages du nord de l'Écosse, à l'exposition universelle de 1856.

Je pensai que cette race, habituée à supporter, sans abri, les intempéries des climats rigoureux, à ne vivre qu'au pâturage et à parcourir de grands espaces, serait aussi rustique et aussi propre à mon but que le South-down; sa tête blanche pouvait me faire éviter les préventions qui existent dans les foires contre les têtes noires ou rouges des South-down ou des Solognots. Sa aine est grossière, dure et longue; mais si médiocre qu'elle soit, elle vaut encore mieux que la laine de Sologne.

Cet essai, que je continue à Aubigny, n'a pas été trop inférieur au croisement south-down; les croisements cheviots que j'ai fait engraisser pour Poissy dans des pays à betteraves, n'ont pas été sensiblement inférieurs en poids et en qualité aux croisements south-down. — Je m'en tiendrai cependant probablement dans l'avenir à cette dernière race, trop répandue aujourd'hui chez tous les agriculteurs avancés pour ne pas conquérir bientôt sa place légitime dans l'opinion des marchés.

Je fabrique ces béliers croisés, demi-sang, trois quarts de sang et pur sang dans ma ferme de Mazières; puis je les envoie à ma réserve d'Aubigny, où je les nourris à mes frais jusqu'à la monte. — Je préfère prendre à mon compte cette dépense, et ne voudrais pas les abandonner à la négligence des domaines; la vieille habitude était de faire saillir les brebis par les agneaux de l'année nés en Mars, que l'on ne vendait qu'après la lutte.

Les agneaux sont vendus environ 12 francs à huit ou neuf mois, vers le mois de Novembre, ainsi que les vieilles brebis usées; ils sont achetés par des domaines, comme ceux de Nancré, dont le sol humide ne permet pas de garder longtemps les mêmes moutons, et par conséquent de faire des élèves.

Nancré les garde jusqu'au mois de Mai, et les vend, avec leur laine, de 20 à 22 francs pièce.

Quant aux domaines de Boucard, ils voudraient élever; mais leur étendue plus restreinte, l'absence de bruyères et de grandes pâtures, ne leur permet d'avoir que cinquante à soixante mères. — Puis, dans les années humides, la cachexie les atteint et ils font des pertes considérables. Leurs races sont meilleures que les Solognotes; elles se rapprochent des Berrichonnes des plaines de

Bourges; la tête est blanche et la laine plus fine. — On donne du foin aux brebis et aux élèves pendant l'hiver. — On vend les moutons 23 à 24 francs en Mai.

Je crois que ces domaines renonceront dans l'avenir à l'élevage, qui leur offre trop de chances d'accidents, et achèteront des moutons dans les foires, pour les engraisser l'hiver à la bergerie.

Je serais embarrassé de préciser en chiffres l'amélioration que mes croisements ont déjà apportée dans les domaines d'Aubigny. Ces chiffres se compliquent de trop de variations dans les prix des marchés, dans les prix courants au moment des inventaires, dans la réussite plus ou moins grande de l'agnelage, etc., etc.

Je pourrais seulement indiquer quelques résultats qui ressortent des tableaux que je fais établir chaque année au 11 novembre. — En divisant le chiffre du profit des moutons pour l'année par le nombre de bêtes présentes à l'inventaire d'*entrée*, je me rends compte du profit par tête (mères et élèves).

En 1860,

Il a été, au Grayon, de 3 fr. 30 c. pour la laine (laine des agneaux comprise),

	5 20	pour le croît.
Total. . .	8 fr. 50 c.	par tête.

Il a été à la Bussière, de	3 fr. 30 c.	pour la laine,
	6 30	pour le croît.
Total. . .	9 fr. 60 c.	par tête.

Ces deux domaines sont ceux dans lesquels mes croisements ont été le plus anciennement et le plus attentivement suivis.

Tandis qu'au domaine de l'Étang, que je n'ai repris que

depuis deux ans, et où je n'ai envoyé de béliers que cette année, le profit a été de :

	2 fr.	30 c.	pour la laine,
	3	30	pour le croît.
Total. . .	5 fr.	60 c.	par tête.

(En 1859, les bénéfices par tête ont été plus élevés; mais les estimations d'inventaire ont baissé, en 1860, en raison de la baisse des cours.)

Un renseignement plus général, mais plus certain, c'est le bon aspect du troupeau, c'est la faveur dont il jouit dans le pays, c'est la facilité avec laquelle il vend ses produits; ce sont les demandes d'agneaux pour béliers, etc.

Les laboureurs, toujours si récalcitrants, se félicitent de mes envois de béliers, et en réclament tous les ans de nouveaux.

La laine s'est vendue, en 1860, 2 fr. 10 c. le kilog.

En 1861, à Aubigny, le produit moyen de la tonte (sans compter les agneaux) a été, pour les troupeaux croisés, de 1^k, 30 par toison;

Pour les troupeaux purs Solognots, de 0^k, 94.

Valeur et répartition des bestiaux. — Le tableau n° 2 indique, par domaine, la valeur totale des bestiaux entretenus au 11 novembre 1860.

Il serait trop long d'entrer dans les détails pour chacun d'entre eux; je les donnerai seulement pour les domaines sur lesquels j'appelle plus particulièrement l'attention du jury.

AU DOMAINE DU PONT,

Il existait au 31 novembre 1860 :

Bêtes chevalines. (Étalon, poulinières et élèves), estimés	12 têtes.	Fr.	5,735
Bêtes à cornes . (Bœufs de travail, vaches, veaux de lait, élèves), estimés.	29 —		5,090
Bêtes à laine, 93 (soit valeur de gros bétail). . . . . . (Mères, raguines, et moutons de l'année), estimés. . .	9 — 3/10		1,284
Total équivalent à.	50 têtes de gros bétail.	Fr.	12,109

Pour 76 hectares, c'est par hectare l'équivalent de 0,65 de gros bétail, ou de 6 moutons 5/10, et 160 francs de valeur.

DOMAINE DU PLESSIS :

Bêtes chevalines. (Étalon, poulinières, élèves), estimés	10 têtes.	Fr.	4,475
Bêtes à cornes . (Bœufs de travail, vaches, veaux de lait, élèves, estimés.	29 —		4,950
Bêtes à laine, 80, soit	8 têtes (valeur gros bétail).		
		A reporter.	9,425

	Report.	9,425
(Mères, raguines, et moutons de l'année), estimés. . .		1,051
Total équivalent à.	47 têtes de gros bétail.	Fr. 10,476

Pour 87 hectares, c'est par hectare l'équivalent de 0,54 de gros bétail, ou de 5 moutons 4/10, et 120 francs de valeur.

(Pour le domaine du Grayon et la ferme de Mazières, le compte sera donné aux paragraphes particuliers qui les concernent.)

VII.

DÉFRICHEMENTS DE BRUYÈRES.

Les bruyères dépendant de la terre d'Aubigny, de celle d'Ivoy et de celle de Boucard, formaient une contenance de 1,200 hectares environ, frappés de droits d'usage multipliés et confus, et réclamés dans certaines parties en toute propriété, en vertu de titres et de concessions remontant au XVIe siècle.

Avant de songer à les mettre en culture, il fallut s'occuper de régler cette propriété incertaine et commune, d'en fixer les limites, et de partager la propriété même dans la proportion de tous ces droits, très-divers dans leurs conditions et dans leurs origines.

Ce n'est pas ici le lieu d'exposer les principes suivant lesquels furent discutés, admis ou écartés les titres des riverains et des nombreux usagers appelés au cantonnement.

Nous fûmes partout d'accord pour désigner à l'amiable des arbitres qui décidèrent en dernier ressort. — Tout le monde, propriétaire et usagers, se plaignit de leurs diverses décisions, et pourtant tous y gagnèrent, en reprenant la libre disposition de terres frappées jusque-là d'immobilité, par la jouissance en commun ou l'incertitude de la propriété.

La base assez généralement admise pour les cantonnements, fut de donner les deux tiers au propriétaire et le tiers aux usagers.

Il me resta, après les règlements de propriété, cantonnements et bornages, environ 600 hectares de bruyères, réparties par masses très-inégales sur les diverses parties des deux propriétés.

J'eus recours à des combinaisons diverses pour les mettre en valeur. Elles se divisent aujourd'hui ainsi :

1° Bruyères exploitées directement, mais destinées à revenir à l'état de pacages auxiliaires.	136 h.
2° Domaines nouveaux entièrement composés de bruyères défrichées.	130
3° Bruyères annexées à des domaines déjà existants et défrichées par ces domaines	204
4° Semis de bois.	40
5° Bruyères conservées pour le pacage, ou restant à défricher.	90
TOTAL.	600 h.

Toutes ces bruyères ont été défrichées à l'aide du noir animal, suivant les procédés qui m'avaient été indiqués par l'infatigable et bienveillant explorateur M. de Gourcy.

J'ai tâtonné souvent; plusieurs fausses manœuvres ont fait faire quelques labours de plus qu'il n'était nécessaire.

Voici pourtant comment j'établis le prix normal de mes défrichements par hectare :

1re *année.* — Labour de premier défrichement pendant l'hiver. 50 fr.

(Les labours de second seigle ne coûtent que 30 francs, et la dépense par hectare est ainsi diminuée de 20 francs.)

Trois hersages	15
Cinq hectolitres de noir à 12 ou 15 francs. .	75
Deux hectolitres de semence	30
Frais pour préparer le noir, semer et rigoler, etc	5
Un hersage sur la semence.	5
Total.	180 fr.

On récolte environ 3,500 kilos de paille par hectare à 20 francs, soit 70 francs, qui paient les frais de moisson et battage, savoir :

Moisson, par hectare	25 fr.	70 fr.
Rentrage.	9	
Battage à 1 fr. 25 c. (pour 24 hectol.).	30	
Port au grenier, frais de meule, faux frais divers, par hectare.	6	

2me *année.* — Avoine.

Un labour.	30 fr.
Deux hersages.	10
Trois hectolitres semence à 8 francs	24
Deux hectolitres de noir (*)	30
Frais divers.	6
Total par hectolitre. .	110 fr.

(*) J'ai eu de très-belles récoltes d'avoine avec un hectolitre de noir seulement, et plusieurs *sans* noir sur seigle au noir.

Quelquefois je semais dès la première année l'avoine sur le labour de défrichement, et le froment à l'automne sur un deuxième labour. — On gagne ainsi du temps, si l'on est pressé de réaliser le produit des défrichements.

Souvent aussi j'ai mis immédiatement un second seigle sur le premier, ou sur l'avoine, en pressant les labours après la moisson. — Mais cette manière de procéder n'a d'autre résultat que de hâter le moment où la terre, suffisamment épuisée, retourne à l'état de pacage, et cet avantage est bien compensé par les inconvénients des labours trop précipités ou des semailles trop retardées.

J'ai pu agir ainsi parce que j'avais à ma disposition, au moment opportun, les nombreux attelages servant aux transports de mon usine d'Ivoy; et encore fallait-il, pour réussir, une précision dans l'organisation de ces travaux, toujours difficile à atteindre.

L'expérience m'a démontré qu'il valait mieux laisser une année d'intervalle entre les récoltes de seigle, ou faire suivre le seigle par une récolte d'avoine. L'important est de ne pas laisser la terre se recouvrir d'herbe trop épaisse, ou de pousses d'ajoncs, qui nécessiteraient non plus un labour ordinaire, mais un nouveau labour de défrichement; cet inconvénient n'a pas lieu lorsqu'on ne laisse qu'une année d'intervalle entre les récoltes.

Quel est maintenant le bénéfice de ces opérations ?

Si l'hectare de seigle, qui coûte . . . . 180 fr.
rapporte 30 hectolitres qui se vendent 15 francs
comme cela m'est arrivé, soit 450

Le bénéfice sera par hectare pour une seule
année, de . . . . 270 fr.

Mais la récolte moyenne n'est guère que de 20 hectolitres, et le prix moyen de 12 francs, soit. . . 240 fr.

Le bénéfice n'est alors que de 60 francs par hectare.

Si les prix tombent à 8 francs, le produit pour 20 hectolitres est de 160 francs et laisse une perte de 20 francs par hectare.

Et si la récolte de seigle, sujette à bien des vicissitudes spéciales, tombe à 12 hectolitres (comme cela m'est arrivé aussi), la perte est plus forte encore ; le produit est nul, même si le seigle se vend 15 francs l'hectolitre.

Pour l'avoine, qui coûte.	110 fr.
Si la récolte est de 24 hectolitres à 7 francs, soit	168
Le bénéfice sera, par hectare, de.	58 fr.

Elle a été aux bruyères Larchevêque de 32 hectol. 80 en 1860 (avoine de printemps).

Mais quelquefois l'avoine manque, et l'on tombe à 10 ou 12 hectolitres par hectare.

J'engage donc le défricheur à ne pas trop faire de rêves dorés.

Ils lui sont pourtant permis quand, par une belle matinée du mois de juin, son regard se promène, aussi loin qu'il peut s'étendre, sur une vaste plaine d'avoine verdoyante ou de seigle qui ondoye au souffle du vent. Pas une herbe, pas un coquelicot n'interrompent l'uniformité de ces tiges serrées, hautes de cinq à six pieds. Aucun aspect de culture n'apporte l'idée d'une plus luxuriante abondance ou d'un plus facile profit.

Quand je conduisis, en 1858, sur mes défrichements, M. Léonce de Lavergne, qui voyageait alors pour recueillir les éléments de sa brillante synthèse sur l'agriculture de la France, je lui montrai aux Bruyères Bardin 49 hectares de seigle et 51 hectares d'avoine, soit 100 hectares d'un seul tenant; aux bruyères Larchevêque, 36 hectares d'avoine ; au Boulay, 34 hectares de seigle. Ce spectacle avait un attrait particulier qui m'impressionnait vivement.

Voici en définitive ce qu'ont été pour moi les réalités.

Mes comptes de défrichements ont été tenus tous à part et très-exactement, depuis le jour où j'ai fait commencer à retourner la terre jusqu'à celui où, la croyant suffisamment épuisée, je l'ai semée en graines diverses pour la rétablir à l'état de pacage beaucoup plus riche et plus abondant que je ne l'avais trouvée.

Les dépenses de toute nature ont été scrupuleusement déduites des produits.

Les bénéfices ont été :

Sur 70 hectares du Boulay, n° 1. . .	14,440 fr.
Sur 34 — — n° 2. . .	7,149
(L'opération n'est pas terminée, et ce deuxième défrichement doit donner encore des produits.)	
Sur 116 hectares des bruyères Bardin.	23,087
TOTAL sur 220 hectares.	44,676 fr.

(Sur les 59 hectares de bruyères Larchevêque, l'opération commence.)

Ces bruyères, avant d'être remises en pacage ont porté en général trois seigles et une avoine. Je suis loin de croire qu'elles fussent épuisées ; des avoines d'hiver cultivées après ces quatre récoltes sur le Boulay, m'ont donné en 1859 le produit étrange de 48 hectolitres l'hectare. — Je continue sur un ou deux champs des bruyères Bardin à semer sans discontinuer des seigles et avoines, pour savoir pendant combien d'années ils pourront produire et payer les frais de culture.

C'est donc une somme de 44,676 francs ou 200 francs par hectare (à peu près les deux tiers de la valeur vénale de la terre quand j'ai commencé ces travaux), que j'ai retirée du sol où elle dormait, en le laissant meilleur qu'auparavant pour son ancienne destination, pour le pacage des bestiaux.

L'opération a donc été rationnelle et fructueuse, mais limitée. — La somme importante qui en est provenue avait le droit de se ranger dans ma caisse et d'y perdre le souvenir de son origine ; on comprendra facilement l'attraction bien naturelle qui l'a promptement destinée à de nouveaux essais.

Quel produit puis-je maintenant demander à ces bruyères pour l'avenir ?

J'en ai rendu une partie au pacage commun des domaines dont les bestiaux augmentent en nombre ; je les leur partagerai plus tard pour qu'ils les cultivent à la marne et au fumier, quand elles auront eu quelques années de repos.

CULTURE PAR CRÉATION DE DOMAINES.

Sur les 116 hectares des bruyères Bardin j'ai commencé l'essai d'une création de culture complète et normale. Cette expérience devra être longue pour être concluante. Les comptes sont exactement tenus, et je saurai en *chiffres* le résultat réel de cette *mise en valeur des terres incultes* que certains esprits nous prêchent si vivement. Je constaterai en fin de compte le capital que cette opération exige et l'intérêt qu'elle donnera de ce capital ; — je pourrai comparer cet intérêt avec le revenu que produisent des capitaux égaux appliqués aux améliorations plus faciles, qui seront possibles pendant longtemps encore dans les fermes déjà anciennes.

Je crois pouvoir dire d'avance que cet intérêt serait bien peu de chose si l'on voulait engager *immédiatement* toute la somme nécessaire aux marnages, aux fumures, aux bestiaux, aux clôtures, aux constructions que réclamerait une ferme de 116 hectares, entièrement cultivée. — Des défricheurs plus habiles que moi en ont fait l'épreuve en d'autres pays, et ils ont raconté sincèrement leurs mécomptes.

La marche que j'ai adoptée est différente : j'augmente progressivement ma dépense de capital, et j'y ajoute chaque année les bénéfices acquis.

J'ai construit une maison d'habitation, une grange (que j'aurais mieux fait de construire au début des défrichements), et une bergerie économique.

Mon troupeau se composera d'autant de bêtes que pourra en nourrir la vaste étendue de pacages au milieu desquels il est placé. Quelques pièces de terre les moins fatiguées ou quelques bruyères encore tenues en réserve, sont continuées au noir, et surtout en avoine, pour avoir des pailles comme nourriture et comme litière.

Les fumiers provenant du troupeau, et des deux vaches destinées au ménage du gardien, sont traités avec soin. —On ne *cultivera que la quantité de terre que l'on pourra fumer* au minimum de 40 mètres par hectare, sur un assolement de quatre ans, avec culture de racines, vesces, colza en vert, trèfles et autres fourrages.

Les terres seront successivement marnées, suivant la quantité de fumier disponible

Rien n'étant encore prêt pour la culture des betteraves, je cultiverai pour racines les navets à la volée (culture simple, en rapport avec l'inexpérience des ouvriers du pays).

Ils m'ont déjà donné, presque sans frais, 20,000 kilogrammes par hectare que je fais consommer par de vieilles vaches à l'engrais, sur lesquelles je gagne près de 100 francs par tête, et qui me produisent d'excellent fumier.

Le point difficile de cette organisation sera la production de fourrages suffisants pour la nourriture du troupeau pendant l'hiver et pour la production des fumiers qui devront plus tard remplacer les fumiers pulvérulents achetés au dehors. — Je compte sur la paille d'avoine, sur les racines, sur les vesces de printemps, qui m'ont déjà donné 3,000 kilogrammes de fourrage sec par hectare, sur les ray-grass qui viennent déjà très-bien, même avant le marnage.

J'ai de plus comme ressource environ 25 hectares de prés situés près de la Forge et dont je vends les foins soit à l'usine, soit dans le pays. Ils empêcheront, en cas d'urgence, le troupeau de souffrir ; mais la valeur vénale de ces foins sera portée en compte, ainsi que le travail des chevaux, que je restreins autant que possible, en ne l'appliquant qu'à des terres fumées au maximum.

J'éviterai ainsi les illusions de bien des domaines du pays, dont la culture ne rapporte guère plus en revenu net que la valeur vénale et réalisable des foins de leurs prés.

Cette organisation, destinée à succéder, ainsi que je l'ai dit, à l'opération spéciale du défrichement, est maintenant à sa seconde année ; le froment fait pour essai en terre fumée et marnée a donné, en 1860, 26 hectolitres à l'hectare. — Les avoines d'hiver ont donné 20 hectolitres par hectare (avec 1 hectolitre de noir seulement). — Trois pièces de 4 hectares chacune n'avaient que le noir de la récolte de seigle précédente. Les avoines de printemps aux bruyères Larchevêque, avec 1/2 hectolitre de noir, ont donné 32 hectolitres par hectare. Celles des bruyères Bardin 9 hectolitres seulement (elles avaient été trop tardivement semées). — Je cite ces exemples pour montrer combien la culture au noir est variable et sujette aux accidents.

J'ai fait un autre essai de culture normale au Boulay, sur une petite échelle.

J'y ai construit une maison d'habitation, une écurie et une petite vacherie; elle a servi à loger mes chevaux et mes charretiers pendant le défrichements. Une grange en charpente et en genêts, recouverte de paille de seigle, m'a servi aux battages.

Quand les bruyères ont été remises à l'état de pacage, j'en ai conservé 12 hectares en culture que j'ai marnés, drainés et fumés à 40 mètres l'hectare. Les premiers frais ont été :

Marnage, 50 mètres à 3 francs.	150 fr.
(1 franc d'extraction et 2 francs de transport.)	
Drainage	250
Première fumure, 40 mètres à 5 francs. . :	200
TOTAL par hectare.	600 fr.

Bâtiments, clôtures, pour mémoire.

Ces terres ayant ainsi reçu tout le capital qu'elles pouvaient porter, ont été partagées en soles régulières; elles ont rendu en 1859 et 1860, 26 hectolitres de froment à l'hectare, et les avoines 30 hectolitres.

Pendant les mêmes années, de vieilles terres de ma réserve du Rheau, cultivées avec la même fumure, m'ont donné :

1858.	Froment,	20 hectolitres	par	hectare.
1859.	Avoine,	22	—	—
1860.	Trèfle,	4,300 kilog.		—

Ces divers exemples peuvent montrer à mes laboureurs les résultats qu'ils devront atteindre un jour quand ils sauront fumer. — Ils indiquent aussi quel énorme capital pourrait se placer dans ces bruyères, si l'on voulait y établir une culture normale et intensive.

CULTURE PAR ANNEXION.

La culture des bruyères par annexion à des domaines déjà existants, ne se présente pas avec des exigences aussi imposantes, et elle est la plus sûrement profitable de toutes.

Le voisinage d'une bruyère de tout temps négligée me paraît pour un domaine une faveur exceptionnelle et la plus utile ressource pour son amélioration.

Plusieurs domaines de Boucard ont été dans cette bonne condition ; les chevaux du cheptel et mes voitures de renfort ont suffi pour la mise en valeur de leurs 12 à 15 hectares de bruyères. — Le noir a donné deux bonnes récoltes de seigle et une d'avoine sans aucun emprunt fait à la pelote de fumier ; celle-ci s'est grossie de toutes les pailles ainsi produites, et a suffi dès lors pour fumer convenablement les défrichements aussi bien que les vieilles terres, avec un très-faible supplément de guano.

Après ces trois récoltes au noir, ces terres immédiatement marnées et bien fumées ont donné de très-belles récoltes.

Les bruyères Monthou à la Brosse ont donné :

En 1859, 28 hectolitres de froment par hectare.
En 1860, 40 hectolitres d'avoine d'hiver.
— 27 hectolitres d'avoine de printemps.

Les Grands Augerons, aux Déserts :

En 1859, 27 hectolitres de froment.
En 1860, 27 — d'avoine de printemps.

VIII.

DOMAINE DU GRAYON.

Je dois donner plus de détails sur l'exploitation du domaine du Grayon, créé par moi autour d'une petite locature, au moyen d'une annexion de bruyères défrichées. — Dans ce domaine (du groupe d'Aubigny) la proportion entre les anciennes terres et les bruyères défrichées est très-différente de celle indiquée plus haut. — Avant 1850, il ne comprenait que 32 hectares de terres très-médiocres et 10 hectares de prés. (10 hectares de pacages boisés avaient été retirés, recepés et remis en bois.) — Il avait de plus le droit de pacage sur les grandes bruyères du Boulay situées à sa porte, et se louait alors 1,200 francs.

Je lui ai annexé 53 hectares de ces bruyères que j'ai fait diviser par champs et clore de fossés. Il a commencé en 1850 à les défricher au noir en suivant la marche indiquée plus haut ; puis il les a successivement marnées et fumées et les cultive maintenant sans noir, au fumier, avec un très-faible supplément de guano.

J'ai dû faire au métayer des conditions particulières en raison de la proportion considérable de bruyères que je voulais lui faire défricher.

Je suis convenu de lui payer 48 francs par hectare pour le labour de premier défrichement.

Cette dépense a été pour moi de	2,600 fr.
(J'ai payé la moitié du noir, mais cette dépense a été comprise dans les frais annuels.)	
J'ai fait construire successivement une chambre, une grange, une écurie à chevaux, une étable à bœufs et une vaste bergerie. — Cette dépense s'est élevée à.	13,000
Le cheptel de 2,500 francs a été porté à 6,000 francs; augmentation	3,500
Au dernier renouvellement de bail, voyant qu'il avait fait quelques dettes pour l'entretien de ses voitures, les frais du maréchal et du bourrelier, je lui ai remis, après le bail signé, une indemnité de.	2,000
Les frais d'extraction de marne à ma charge ont été de.	1,900
Frais divers, clôtures, etc.	1,000
Total du capital déboursé. . . .	24,000 fr.

En 1860, la culture des terres est ainsi répartie:

Pacages boisés retirés et mis en taillis, 10 h.			mémoire.
Froment.	13 h.	31h. 86	56 44
Seigle.	0,50		
Avoine.	18 36		
Cassaille (jachère labourée). . . .		13 78	
Trèfle.	5 15	10 80	
Minette et ray-grass. .	5 65		
Pâtures (terres en repos), vieux trèfles, vieux ray-grass, etc.			26 94
Prés naturels			11 70
Chenevières (dont le métayer jouit seul). . .			0 80
(Le métayer conserve le droit de parcours sur les grandes bruyères du Boulay).			mémoire.
Total du domaine.			95h 88c

La proportion entre les céréales et les terres consacrées aux fourrages est assez bonne ; elle sera encore meilleure quand on aura amélioré la production herbagère des terres laissées en pâture.

L'inventaire des bestiaux au 11 novembre 1860 se compose de :

	140 brebis mères.		
	53 raguines.		
TOTAL du troupeau . .	193	têtes estimées	2,347
Etalon, juments et élèves. .	9	—	2,470
Vaches, élèves et bœufs de trait.	23	—	2,770
TOTAL équivalant à 51 têtes de gros bétail . . .			7,587

Pour 95 hectares, c'est par hectare l'équivalant de 0.52 de gros bétail ou de cinq moutons deux dixièmes et 76 fr. de valeur.

Les nouvelles bergeries construites et l'amélioration des bruyères du Boulay remises en pacage, permettront d'augmenter encore le troupeau.

Le produit net du domaine a été en 1860 réparti ainsi qu'il suit :

Bénéfices de ventes et augmentation d'inventaire :

Sur les chevaux.	1,015 fr.	
Sur les bêtes à cornes. .	916	
Sur les bêtes à laine. . .	1,392	
TOTAL du profit de bestiaux.	3,323 fr.	
Dont moitié pour le propriétaire.		1,662 fr.
GRAINS.		
194 hectolitres de froment, à 19 fr. 65 c.	3,814 fr.	
A reporter.	3,814 fr.	1,662 fr.

Report.	3,814 fr.	1,662 fr.
11 hectolitres de seigle à 12 fr. 30 c.	134	
400 hectolitres d'avoine à 7 francs.	2,800	
Grains divers	160	
Total du produit des grains.	6,908	
Dont moitié pour le propriétaire.	3,454 fr.	
Il faut en déduire :		
Frais de semences, de moisson, de battage, achat de guano, etc., pour la part supportée par le propriétaire. . . .	720	
Reste pour le propriétaire. — Produit des grains	2,734 fr.	2,734 fr.
Journées de voiture, menus suffrages en argent, etc.		261
Total du produit net en 1860.		4,657 fr.

Le rendement des froments, qui n'était autrefois que de 10 à 12 hectolitres par hectare, est maintenant de 15 à 16. — Celui des avoines était aussi de 10 à 12 hectolitres dans les premières années de l'exploitation ; il est maintenant de 16 à 19.

En résumé :

Le domaine était affermé	1,200 fr.
Les neuf premières années de jouissance à moitié, de 1850 à 1858, donnent un revenu total de 27,500 fr.— Soit en moyenne.	3,000
Augmentation annuelle.	1,700 fr.

Soit : 7 0/0 du capital engagé s'élevant à 24,000 francs.

Ces années ont compris la période de défrichement au noir, et la transition assez difficile de cette culture exceptionnelle à la culture normale.

Celle-ci est maintenant complétement établie, et les revenus ont été :

En 1859, de.	4,111 fr.	
En 1860, de.	4,657	
Revenu moyen des deux années		4,380 fr.
Bail primitif.		1,200
Augmentation.		3,180 fr.

Soit : 13 0/0 du capital de 24,000 fr.

SEMIS DE BOIS DANS LES BRUYÈRES.

J'ai fait dans les bruyères du Boulay l'essai de quelques hectares de semis en chêne et châtaignier qui ont bien levé, mais qui viennent lentement.

Aux bruyères de Frein, éloignées de tous mes domaines, j'ai semé 30 hectares environ des mêmes essences sur écobuage ; mais les graines de bouleau restées dans le sol de temps immémorial, ou venues des bois qui entourent cette bruyère, ont dominé les autres plants, et ont poussé serrées comme une chenevière. — J'en ai coupé cette année pour essai quelques parties, âgées de quinze ans ; elles ont produit environ 50 stères par hectare, soit 150 francs. C'est un revenu, attendu, de 10 francs par an ; il augmentera, mais jamais assez, je pense, pour égaler le produit des cultures de céréales, quand elles sont possibles.

Le seigle venu sur l'écobuage avait payé tous les frais, ainsi que ceux de semis.

IX.

COMPTABILITÉ. — SITUATION.

Le métayage simplifie beaucoup la comptabilité en diminuant le nombre des articles de dépense. Il n'en est pas moins nécessaire de l'organiser avec soin pour éclairer la marche des opérations.

Au centre de chaque groupe un comptable tient des livres méthodiquement classés; chaque domaine a son compte courant. On résume à la fin de chaque année ses recettes par nature de produits, et l'on en déduit la part de dépenses qui reste à la charge du propriétaire.

Des états imprimés et disposés d'une manière uniforme pour tous les domaines servent à établir les éléments des comptes. Ils indiquent tête par tête les mouvements de bestiaux, champ par champ les produits en gerbes, en grains, etc.—D'autres servent à régler les battages et les partages entre le propriétaire et le métayer, etc. — Je joins à ce mémoire les modèles de ces états, dont l'uniformité m'a été fort utile pour l'inspection rapide, et les études comparatives des années et des domaines entre eux.— Il m'a fallu assez de temps pour leur donner une forme suffisamment simple et complète, et pour en faire adopter partout le mécanisme.

A Mazières, que je fais marcher par domestiques, la comptabilité est plus minutieuse, ainsi que je l'expliquerai plus loin.

J'éprouve quelque embarras pour présenter d'une manière convenable la situation actuelle et les résultats en chiffres de mes travaux.

Il est toujours assez gauche d'entretenir le public de ses revenus; et de plus, voulant comparer le présent au passé, il faut un travail assez attentif pour séparer, dans les anciens comptes, les domaines dont je m'occupe personnellement aujourd'hui, de ceux avec lesquels ils étaient confondus à l'époque des fermes générales. J'y arriverai pourtant, d'une manière assez exacte, en prenant pour premier élément de ces ventilations les estimations par domaine qui servaient de base à la discussion des prix de baux avec les fermiers généraux.

1° ANCIENNES FERMES GÉNÉRALES DE BOUCARD ET DE JARS.

Les domaines composant la ferme générale de Boucard étaient affermés, en 1831, pour 9,000 francs. Le fermier d'alors refusa de consentir à une augmentation de 500 francs. J'affermai en 1832 à M. Buchet père pour 10,000 francs. — Je lui fis un second bail de 1841 à 1850 pour 11,000 francs.

En 1850 je lui affermai une partie des domaines qu'il exploita directement; je repris les autres pour les affermer en détail aux métayers; mais ils demandèrent le résil des baux avant l'entrée en jouissance, et je les remis à moitié.

Je n'ai pu retrouver les détails de l'estimation de 1831; mais un autre travail fait en 1847 établit que les domaines réunis en un seul corps de ferme en 1850 représentaient à peu près la moitié du revenu total.

Ainsi dans le prix de ferme de 1841 à 1850, les domaines que j'afferme maintenant à M. Buchet fils comptaient pour.	5,400 fr.
Les domaines que j'ai repris à moitié comptaient pour.	5,600
TOTAL égal au prix de la ferme générale.	11,000

Le résumé de mon exploitation à moitié pour les neuf années de 1851 à 1859, en y comprenant deux locatures affermées, présente un revenu moyen de. . 10,150 fr.

A déduire pour part dans les frais de régie.	1,000
Reste en produit.	9,150
Le fermage était de.	5,600
Augmentation	3,450

Le domaine des Ruellées-d'en-Haut faisait partie de la ferme générale de Jars et était compté en 1841 dans l'estimation de cette ferme pour . . . . . . 2,400 fr.

Une portion du Puits, que j'y ai jointe, comptait pour	600
Total du fermage.	3,000

Le revenu moyen de mon exploitation à moitié de 1851 à 1859 a été de. . . . . 5,600 fr.

A déduire pour part dans les frais de régie.	500
Reste en produit.	5,100
Augmentation	2,100

Mais comme on pourrait m'objecter que le prix des fermes générales n'était peut-être pas assez élevé, je prendrai comme point de départ de mes comparaisons finales, pour les domaines de Boucard les prix des baux de ferme passés en 1850 aux métayers, en faisant observer qu'ils étaient trop élevés, puisqu'ils n'ont pu être maintenus, et qu'on en a demandé le résil.

Ces baux s'élevaient à 9,580 francs. — C'est à peu près le produit moyen que m'a donné mon exploitation pendant les neuf premières années.

Pour les domaines de Jars, je prendrai également pour point de comparaison avec le produit actuel, le produit moyen des neuf premières années de mon exploitation.

Sur ces neuf années j'en ai employé plusieurs à étudier les questions et les terrains ; le sol, appauvri par les mauvaises cultures antérieures, ne m'a souvent donné que de tristes récoltes; les marnages, chaulages et drainages n'ont été sérieusement entrepris que pendant les dernières années ; l'augmentation qu'ils ont apportée dans les produits ne s'est fait sentir d'une manière importante qu'en 1859.

A cette époque, ainsi que je l'ai dit au commencement de ce mémoire, tous les domaines ont été remaniés dans leur composition.

Le tableau suivant ne peut donc pas servir d'élément de comparaison entre les deux époques par domaine, mais seulement dans leur ensemble, qui n'a pas été changé.

Il donne le revenu des domaines dans leur nouvelle répartition, tel qu'il est établi dans les comptes de régie de 1860.

	Baux des domaines en 1850 ou revenu moyen de 1850 à 1859.		Produit net des domaines pour l'année 1860.
Le Pont . . .	2,600 fr.		5,864 fr.
Le Plessis . .	2,100		4,815
La Brosse . .	1,250		3,928
Les Déserts. .	1,400		4,366
L'Étang . . .	1,100	affermé	1,050
Locature de la Gravière.	580	Id.	500
Id. du Chezal-Pensuet.	550	Id.	120
	9,580		20,643
Les Ruellées et le Puits.	5,600		7,887
Total du produit des domaines	15,180	*A reporter.*	28,530

Report.	28,530
A déduire pour frais spéciaux de régie.	2,000
Reste pour le produit de 1860 . . .	26,530
Le produit des neuf années précédentes était de.	15,180
L'augmentation est de.	11,350

Les sommes employées aux améliorations dans ces divers domaines se résument ainsi au 31 décembre 1860 :

Marnages . . . . } Chaulages . . . . }	11,535 fr.
Drainages	6,357
Remboursement de bestiaux au bail précédent	12,755
Vases conduites.	2,247
Avances pour paiement de fermages. . .	11,000
Bâtiments	12,938
	56,832

L'augmentation de revenus de 11,350 en 1860 a représenté 20 0/0 de ce capital.

2° ANCIENNE FERME GÉNÉRALE DE NANCRÉ.

Les trois domaines exploités maintenant à moitié, comptaient dans la ferme générale de Nancré pour 4,000 francs. — Des états de comptabilité remis par le fermier ont établi qu'ils lui avaient rapporté pendant les sept années, de 1846 à 1852, un revenu moyen de 5,000 francs.

La nouvelle exploitation a commencé le 1er novembre 1854.

Un inventaire annuel a été établi. — Les avances faites ont été capitalisées chaque année, et l'intérêt déduit du produit annuel ; les bénéfices seuls ont été laissés dans le compte sans intérêt, et ne seront capitalisés qu'au bout de neuf ans.

Au 31 décembre 1860 le capital avancé était de 24,000 francs, se composant ainsi :

Avances aux métayers.	1,977 fr.
Drainages.	8,242
Marnages.	10,173
Travaux divers	2,706
Avances diverses	902
	24,000 fr.

Le produit total pendant les six années a été de	46,200
On a déduit successivement les intérêts du capital à mesure qu'il augmentait ; ils se sont élevés à	3,300
Reste en produit.	42,900
dont le sixième est de.	7,150
Retranchant de ce produit la part proportionnelle des domaines dans les frais de régie, équivalant au bénéfice que faisait le fermier général sur cette portion de sa ferme	1,000
Il reste. . .	6,150
L'ancien prix de ferme était de	4,000
Augmentation moyenne. .	2,150

En 1860, le produit a été de. . .	8,915 fr.	
Intérêts des 24,000 francs déduits à 5 0/0.	1,200 fr.	7,715 fr.
Frais de régie à déduire.		1,000
A reporter. . .		6,715

Report	6,715
L'ancien prix de ferme était de.	4,000
L'augmentation est de.	2,715

A l'intérêt du capital de 24,000 francs à 11 0/0 il faut ajouter les 5 0/0 déjà déduits,

Ce qui porte l'intérêt du capital avancé à. . 16 0/0

3° GROUPE D'AUBIGNY.

Les domaines d'Aubigny n'ont jamais été en ferme générale. Ils étaient affermés *en détail* de 1843 à 1852 aux prix suivants que je mets en regard du produit de 1860.

	Prix des baux au détail.	Produit de 1860.
L'Étang	1,716 fr.	4,063 fr.
Le Grayon.	1,200	4,657
La Garenne	1,566	4,196
La Métairie neuve	1,816	3,263
La Bussière	1,986	4,312
La Surfaix (bail refusé).	1,100	2,841
TOTAL. . .	9,384 fr.	23,332 fr.
A déduire pour frais spéciaux de régie	»	2,000
RESTE.		21,332

(Ce revenu a été en 1859 de 17,000 francs.)

RÉSUMÉ.

Ces divers tableaux se résument ainsi :

	Prix de ferme au détail.	Produit de 1860.
Groupe de Boucard	15,180 fr.	28,530 fr.
Groupe de Nancré.	4,000	6,715
Groupe d'Aubigny.	9,384	21,332
TOTAL.	28,564 fr.	
— *à reporter*		56,577 fr.

Report.	56,577 fr.
Les anciens baux étant de	28,564
l'augmentation de produit en 1860 est de . .	28,013
Je pourrais ajouter à ce chiffre de revenu l'intérêt de la somme de 44,676 francs retirée de mes défrichements de bruyères, soit 2,233 fr.	Mémoire.

Cet accroissement considérable, ce revenu doublé après dix ans d'études et d'améliorations, proviennent des marnages, de l'augmentation des fumures et des cultures fourragères, du défrichement des bruyères annexées, des prés agrandis et bonifiés, de la meilleure nourriture donnée aux bestiaux, peut-être aussi en partie de leur prix élevé depuis deux ans.

Je ne puis affirmer que ce chiffre sera la moyenne de la période nouvelle des neuf années qui commencent, mais j'ai lieu de l'espérer. — Si les produits agricoles baissent de valeur, l'effet des marnages et autres travaux sera plus puissant de jour en jour, en même temps que leur étendue s'accroîtra. — Si ces chiffres ne sont pas une certitude pour l'avenir, ils ne sont pas non plus une limite, et doivent me donner une légitime confiance dans les résultats acquis de mes travaux.

Dans ces résumés je n'ai établi que les *augmentations de revenu* et leur rapport avec le *capital d'amélioration* engagé par moi dans mes diverses opérations.

Je n'ai pas voulu me livrer à des appréciations, toujours plus ou moins vagues, sur la valeur de mes propriétés avant et après mes travaux, pour en faire ressortir, comme bénéfice, une augmentation de capital.

Il serait toujours difficile, dans un semblable calcul, de donner une valeur sérieuse au point de départ et au point d'arrivée.

Si le domaine amélioré a fait partie d'une acquisition

considérable, comment fixer la part du prix qui le concerne dans une affaire générale qui peut avoir eu des bons et des mauvais côtés ?

S'il provient d'un partage de famille, comment ne pas se rappeler que les estimations de partage ne donnent que des valeurs relatives ; qu'elles doivent établir plutôt le rapport exact des propriétés entre elles que leur valeur absolue et vénale ?

Et quant à la valeur vénale après les améliorations, elle est plus difficile à fixer encore. Comment savoir d'avance le prix que les hasards de la concurrence, les engouements ou les dépréciations du moment peuvent faire obtenir d'une propriété ? — Que d'illusions se sont faites à ce point de vue bien des améliorateurs (*) !

(*) Le domaine du Grayon ayant été acquis par acte séparé, je puis donner sur sa valeur vénale, avant mes améliorations, quelques détails impossibles à établir pour mes autres propriétés :

Ce domaine a été acheté en 1842, frais compris, pour . .		21,600 fr.
On en a retranché :		
Un pré éloigné, vendu	2,000	5,000 fr
10 hectares de pacages boisés, estimés à 300 francs	3,000	
Reste.		16,600 fr.
On y a ajouté :		
5 hectares de prés, estimés à 1,500 francs. .	7,500	23,400 fr.
53 hectares de bruyères, estimés à 300 francs	15,900	
Total du prix de revient.		40,000 fr.

Il était affermé 1,200 francs en 1850, avant le défrichement. Ce prix de ferme était assez en rapport avec le prix de revient.

Le capital d'amélioration s'élevant à 24,000 francs, a produit une augmentation de revenu de 3,000 francs environ.

Un acquéreur regarderait-il ce chiffre comme un revenu normal ou comme le revenu de l'industrie de l'agriculteur ? — Vendrait-on le domaine 50,000 francs de plus, ce qui capitaliserait l'intérêt du revenu à 6 °/₀ et doublerait le capital d'amélioration ?

Ce sont des calculs sans base certaine, dans lesquels je ne veux aucunement entrer ; je ne les indique que pour constater que je les écarte de toutes les parties de ce mémoire.

Les chiffres que j'ai donnés me semblent donc suffire au but que je me propose, et qui se borne à constater par des exemples que les capitaux engagés, non pas dans les *acquisitions*, mais dans les *améliorations rurales*, doivent rapporter un intérêt égal à celui de toute autre industrie, s'ils sont prudemment conduits et appliqués avec discernement.

Si l'on en conclut en même temps qu'une fois engagés ils ne sont pas promptement et facilement réalisables, je ne contesterai pas aux opérations agricoles ce caractère, qui a ses bons côtés; mais j'ajouterai que les revenus acquis sont sujets à moins de vicissitudes que les revenus industriels, et que leur valeur capitale s'accroît par le mouvement naturel des choses, au lieu d'avoir besoin d'être constamment amortie, comme les capitaux immobilières de l'industrie.

X.

FERME DE MAZIÈRES.

J'aurais dû peut-être me borner à présenter au concours la ferme du Petit-Mazières et à rendre compte de ses produits; mais je n'ai pas voulu la séparer des résultats, plus importants selon moi, obtenus dans mes domaines à moitié.

J'ai déjà indiqué dans le cours de ce mémoire comment je la rattachais à ces exploitations.

C'est à Mazières que je fais naître les producteurs des races bovine et ovine, et que je récolte les semences de choix que je destine à mes autres domaines.

Je reprendrai au sujet de cette ferme la série de questions indiquées au programme.

La propriété dite du Petit-Mazières a été acquise par moi en 1846, pour en détacher l'étendue de terrain nécessaire à la fondation des usines qui portent aujourd'hui son nom, et à la construction du village d'ouvriers joint aux usines.

Étendue du domaine. — Il est resté pour la culture, après cette distraction, un ensemble de 80 hectares, dont 2 hectares 80 centiares de mauvais prés.

La ferme du Grand-Mazières, contiguë à la première et d'un seul tenant, a été achetée par moi en 1859; elle contient 130 hectares de terre; mais un bail, qui ne finira qu'en 1863, m'empêche d'en disposer encore (*).—J'ai dû me borner à reconstruire les bâtiments, à disposer les cours, fosses à purin, etc., et à essayer d'améliorer d'avance le troupeau, en fournissant au fermier des béliers de choix, dont je ne suis pas certain qu'il ait sérieusement fait usage.

Je ne parlerai donc dans ce mémoire que des 80 hectares du Petit-Mazières que j'exploite à l'aide de domestiques, dirigés par un chef de culture, ancien premier charretier dans une ferme à mon beau-père, commune de Thoiry (Seine-et-Oise).

Distance des marchés.—Ces terres, situées dans la commune de Bourges, à 1,500 mètres des portes de la ville, s'étendent sur le plateau situé au delà de la route de

(*) Depuis la rédaction de ce mémoire, je suis parvenu à faire résilier ce bail, et je suis entré en jouissance en avril 1861.

Saint-Amand, et sur les pentes qui s'inclinent jusqu'aux bords du canal de Berry.

Configuration du sol, etc. — Il appartient aux terrains calcaires de la plaine du Berry ; le sous-sol est un roc calcaire, exploité en carrières, et qui souvent n'est recouvert que d'une très-mince couche végétale, mêlée de cailloux. Sur les versants et vers le fond de la vallée, le sol a plus de profondeur ; il repose sur un sable d'alluvion calcaire très-bon pour les constructions.

Main d'œuvre. — Mon chef de culture reçoit des gages fixes, et est chargé de son ménage. Il nourrit les bergères, que je paie 150 francs et 10 hectolitres de froment (*). Les charretiers vivent chez eux, dans les petites maisons voisines de la ferme, et je les paie 63 francs par mois. Le reste des travaux est fait par des ouvriers à la journée, et surtout à la tâche. Les prix des divers travaux à l'entreprise se trouvent dans le compte général d'exploitation joint à ce mémoire.—Les journées d'homme sont de 1 fr. 50 c. en hiver, 2 fr. 25 c. en été, et 3 francs pendant la moisson. — Celles de femme sont de 1 franc.

Morcellement du sol. — Toutes les terres sont d'*un seul tenant*, sans haies ni clôtures. Je les ai trouvées épuisées par une culture pauvre et fort infestées de mauvaises herbes ; il m'a fallu plusieurs années pour les remettre en bon état, à l'aide de fumiers achetés à Bourges et de labours faits avec soin.

Capital employé.—Pour l'ordre des comptes, je me suis affermé les 80 hectares pour 3,000 francs, plus l'impôt,

(*) Depuis que les deux fermes sont réunies, j'ai pris un berger de Seine-et-Oise et un vacher suisse.

compensé en partie par la location d'une carrière.—C'est environ 40 francs l'hectare, prix courant des environs.

Les 130 hectares de la ferme du Grand-Mazières sont de qualité inférieure à celles des terres du Petit-Mazières. Ils ont été affermés par mon vendeur 3,000 francs ou 23 francs l'hectare. Je crois donc avoir fixé un chiffre raisonnable en réglant à 40 francs l'hectare le prix des terres que j'exploite.

L'inventaire que je joins à ce mémoire établit que le capital engagé s'élevait au 31 décembre 1860 à	20,612 fr.
représentés par la valeur des bestiaux, instruments aratoires et grains en terre. On peut y ajouter la valeur des grains, fourrages, etc., en magasin qui, suivant la forme de comptabilité adoptée, sont portés dans un compte spécial de magasin, soit.	9,954
Total du capital	30,566

C'est pour 80 hectares environ 400 francs par hectare.

Assolement — Les terres en 1860 étaient ainsi réparties :

Seigle	0h,76	soles 6 et 9 .	18h,36	33h,81 céréales.
Froment.	18,10			
Avoine.	14,95	soles 2 et 7.	14,95	
Vesces.	6,27	sole 1. . . .	9,64	46,66 récoltes fourragères.
Betteraves	3,37			
Sainfoin	20,45	soles 3, 4, 5.	22,31	
Luzerne	0,45			
Trèfle.	1,41			
Minette, pacages, jachères	11,83	sole 8. . . .	11,83	
Prés naturels.	2,88	hors assolem.	2,88	
		Total.		80h,47

Cette répartition peut varier un peu d'une année à l'autre, suivant la division des champs, mais elle est basée sur l'assolement que j'ai fixé dès le commencement de ma culture ; après quelques années de transition, il est établi régulièrement depuis près de neuf ans.

La rotation de cet assolement est ainsi fixée :

1 Betteraves, Vesces, avec fumure ;
2 Avoine avec graine de sainfoin ;
3 Sainfoin (*) ;
4 Sainfoin ;
5 Sainfoin et demi-jachère ;
6 Froment avec demi-fumure ;
7 Avoine avec graine de minette ;
8 Jachère, minette avec fumure ;
9 Froment.

TOTAL : 9 soles de 9 hectares environ.

Dans cette combinaison les sainfoins se trouvent semés dans des terres bien fumées et nettoyées. Leur produit dans les bonnes années est d'environ 3,500 kilos par hectare.—Les luzernes, 4,000 kilos.

Les froments m'ont donné dans les meilleures années, 25 hectolitres ; dans les bonnes, 20 hectolitres ; en 1860, 17h,60 par hectare.

Les avoines, dans les meilleures années, 31 hectolitres par hectare ; en 1860, 26 hectolitres.

Je regarde ces résultats comme satisfaisants en raison de la faible profondeur et de la qualité médiocre du sol.

Les betteraves, que je fumais à 40 mètres par hectare, ne m'avaient jamais donné, suivant les années et les pièces de terre, que de 25 à 35,000 kilos l'hectare, qui payaient mal les frais.

En 1860, une partie des betteraves se trouvaient placées dans les meilleurs fonds du domaine. Je les fumai à

(*) Je sème de la luzerne au lieu de sainfoin dans les meilleures portions des terres qui ont porté des betteraves.

40 mètres. J'obtins du fermier du Grand-Mazières de fumer de même à 40 mètres une terre voisine d'égale valeur, ce qui était peu dans ses habitudes.

Mais j'ajoutai dans la mienne une fumure supplémentaire de guano (et sur quelques parties des essais de poudrette et superphosphate de chaux).

Cette dépense fut de 175 francs par hectare, ou l'équivalent de 450 kilogrammes de guano par hectare, à 38 francs les 100 kilogrammes.

Je fis répandre cette fumure à la main autour des jeunes plants.

Les betteraves de mon fermier lui produisirent une récolte inaccoutumée de. . . . . 44,200k par hect.

Les miennes me donnèrent une moyenne de. 60,900

Ce rendement est très-exceptionnel pour le pays, et n'y a été obtenu que dans les cultures jardinières.

Augmentation. . . . . 16,700k par hect.

Qui, à 16 francs les 1,000 kilogrammes, prix auquel j'ai trouvé à les vendre, et que me paient mes bestiaux, représente. . . . . 267 fr. de produit

Pour une dépense de. 175

Bénéfice par hectare. . . . . 92 fr.

En supposant une dépense exceptionnelle pour main-d'œuvre de . . . 22

Il reste encore. . . . . 70 fr.

Ou 40 0/0 de la somme de 175 francs, dépensée et remboursée.

Je ne cite cet exemple que pour indiquer la marge qui existe pour obtenir un bon intérêt des capitaux employés en acquisition d'engrais supplémentaires.

Engrais. — J'ai pu pendant quelque temps acheter en assez grande quantité les fumiers de l'artillerie de Bourges; maintenant ils sont plus disputés, et je dois me contenter de fort petits lots. — Le prix en était peu élevé, et ne me revenait guère qu'à 2 fr. 50 c. le mètre sur place, mais ce sont des engrais légers, secs et brûlants. — Je préfère les fumiers de mes écuries, que je puis mêler à ceux de mes vacheries et bergeries, et arroser à l'aide d'une fosse à purin.

Poudrette. — La ferme étant jointe à mon usine qui occupe environ cinq cents ouvriers, j'ai cherché à utiliser l'engrais spécial que ce personnel pouvait produire. Je fais fabriquer économiquement une poudrette mélangée de sable, qui ne me revient qu'à 8 francs le mètre. Mais comme elle contient 50 0/0 de sable, on doit compter le mètre de poudrette pure à 16 francs, soit 1 fr. 60 c. l'hectolitre.

Si cet engrais est un peu chaud pour les terres de Mazières, son bon marché me permettra de l'expédier dans mes domaines.

Bâtiments. — Les anciens logements du domaine étant petits et mal disposés, je les ai convertis en logements pour les charretiers, et j'ai fait construire une maison d'habitation, dont l'étage inférieur, placé en contre-bas du jardin, sert de laiterie pour la fabrication des fromages et de cave à betteraves.

Cette maison m'a coûté 8,000 francs.

(Je ne parle que pour mémoire des bergeries que j'ai fait construire au Grand-Mazières, dans les meilleures conditions de ventilation possible, avec cheminées d'aération. — Elles ne servent encore qu'à mon fermier ; mais j'y transporterai le troupeau des deux fermes réunies, qui comprendront plus de 200 hectares, et lui offriront un important parcours.) (*)

J'ai fait établir dans la partie inférieure de la cour une place double à fumier, avec fosse à purin et pompe d'arrosement.

Les machines de l'usine amènent de l'eau dans la cour, et y alimentent un abreuvoir sans cesse renouvelé, qui rend de grands services au bétail.

Le trop plein de cette eau peut être conduit pendant la sécheresse dans la fosse à purin, et servir à arroser les fumiers.

Labours. — La profondeur des labours dépend, à Mazières, de l'épaisseur de la couche végétale; ils vont, lorsqu'on le peut, à $0^m,20$; mais quelquefois il faut se contenter de $0^m,10$ à $0^m,12$. — On se sert avec avantage de la herse en fer articulée de Ransome, de la houe à cheval de Howard, du scarificateur ordinaire, du trieur de grains de Marot (de Niort), etc. — La machine à battre est une assez ancienne machine de Grosley, avec manége à chevaux. — Je me sers aussi, quand elle est libre, d'une machine Cumming, mise en mouvement par ma locomobile à vapeur.

Plusieurs autres instruments sont rangés sous le hangar; mais ils constatent plutôt mes essais que des services bien réels.

Les semences que je multiplie et que j'expédie ensuite dans mes domaines de Bomard et Aubigny ont été d'abord les blés de Saumur, — puis des froments rouges et blancs anglais, qui m'ont été vendus par M. Jonas

(*) Les deux vacheries seront réunies au Petit-Mazières, où je viens de faire construire, depuis le 15 avril, une étable neuve, avec couloir au milieu, pour quinze têtes de bétail.

Webb, et qu'il désigne sous les noms de *Browick-red* et *Hedge-row-white*. — J'ai multiplié depuis les blés bleus, et j'ai semé cette année plusieurs essais de blé *Victoria-Spalding*, — *Blood-red* d'Écosse, etc.

ANIMAUX DOMESTIQUES.

Tous les labours sont faits par des chevaux qui sont achetés dans les foires et revendus quand ils sont hors de service, sans aucune spéculation.

Vacherie. — J'ai indiqué dans les premières parties de ce mémoire dans quel but était organisée la vacherie de Mazières et les races que j'y entretiens, afin de créer des reproducteurs pour mes domaines.

Mes vaches pures d'Ayr ayant suffi, avec leurs élèves et croisements Ayr-berry, pour compléter mes deux vacheries de réserve de Mazières et d'Aubigny, je me suis laissé entraîner à faire venir l'année dernière à Mazières quelques vaches durham.

N'ayant pas de prés naturels, l'élevage des producteurs y est un peu plus dispendieux qu'ailleurs, et je les vends assez bon marché à mes domaines; cette combinaison influe donc d'une manière désavantageuse sur le compte de la vacherie de Mazières; mais je ne dois pas me préoccuper de cette faible augmentation de dépense, dont le profit se retrouve ailleurs.

En sus de cet élevage exceptionnel, le produit de la vacherie est dans la vente du lait, ressource fort commode aux ouvriers des usines.

Le compte de la laiterie est tenu exactement. On y établit le nombre total de journées de vaches présentes aux étables, et celui des vaches donnant du lait pour la vente. —Ce dernier chiffre, comparé à celui du nombre de litres de lait vendu (ou employé en fromages), ne donne guère qu'une moyenne de 6 litres de lait par jour. Ce chiffre est faible. — Mais il faut remarquer que je ne vise pas à la production spéciale du lait; je tiens au bon état des mères vaches, et ne leur donne aucune nourriture débilitante ou excessive; de plus, comme plusieurs d'entre elles nourrissent leurs veaux, elles n'entrent en compte, comme vaches à lait, que lorsque les premiers mois de vêlage, qui influent surtout sur les moyennes, sont déjà passés.

Le lait s'est vendu, en 1860, 0 fr. 13 c. le litre. On en a converti une partie en fromages, façon Brie, assez estimés. — Il faut 5 litres de lait pour faire un fromage qui se vend 1 franc. — Il paie donc le lait 0 fr. 20 c. le litre; mais les détails de main-d'œuvre et les faux frais compensent bien cet avantage.

Le compte de vacherie se balance ordinairement à peu de chose près; mais il paie les fourrages, pailles et racines à des prix très-élevés, et livre ses fumiers à 2 fr. 50 c. le mètre (prix fixé par assimilation au prix des fumiers d'artillerie, mais qui devrait être relevé). C'est une affaire de comptabilité que j'examinerai plus tard.

Lorsque la récolte des betteraves est trop considérable pour être consommée par les animaux ordinaires, j'emploie le surplus à engraisser de vieilles vaches achetées en foire, et qui donnent en moyenne 80 francs de bénéfice par tête, payant les betteraves un assez bon prix.

Bergerie. — J'ai entretenu pendant plusieurs années, à Mazières, un troupeau de la plaine de Bourges, que j'améliorais en achetant des béliers de choix et quelques brebis chez mon voisin M. Sabathier. Cette race, de taille moyenne et assez sobre, avait reçu, à une époque assez éloignée, un peu de sang dishley et de sang mérinos; j'ai lieu du moins de le croire. — La laine était de bonne qualité, courte, mais assez serrée.

Étant convaincu que, pour l'avenir de nos exploitations françaises, il est plus important de développer la production de la viande que celle de la laine, et croyant utile de créer une race qui réponde à ce but par ses formes et son aptitude à l'engraissement, je cherchai les moyens de transformer dans ce sens le troupeau de Mazières.

J'aurais pu, en poursuivant une sélection habile et longtemps prolongée, perfectionner les formes par la race berrichonne elle-même ; je sais qu'avec une nourriture exceptionnelle, elle peut fournir à la boucherie des animaux dignes de rivaliser avec les plus beaux produits des races étrangères. — Mais ne conservent-ils pas une certaine résistance à l'engraissement ? Leur consommation, pour arriver au même poids, n'est-elle pas plus considérable ? Ne faut-il pas bien plus longtemps pour changer par la sélection les caractères anciens d'une race ? — Ne voulant pas faire des animaux de luxe pour les concours de boucherie, mais seulement augmenter le revenu de mes domaines, je préférai choisir parmi les races étrangères, déjà anciennes, des reproducteurs tout améliorés, et offrant d'une manière fixe les avantages que je cherchais.

Je me gardai d'avoir recours aux grandes et molles races des new-leicester et des cotswold; nos plaines sèches, nos herbes rares, notre nourriture verte encore bien peu abondante, m'interdirent d'en avoir un instant la pensée; je préférai, sous tous les rapports, les southdown. Connaissant leur tempérament robuste, rustique, autant que leurs excellentes formes, j'ai pensé qu'ils supporteraient mieux que toute autre race l'épreuve toujours difficile de l'acclimatation.

J'achetai à Babraham, en 1856, chez M. Jonas Webb, deux béliers et une douzaine de brebis; plus tard j'achetai à M. de Bouillé un bélier de la même race, qui avait eu le premier prix au concours de Blois.

Non pas que je voulusse arriver à créer un troupeau pur sang, idée absurde pour ma ferme, mais je pensai qu'en traitant avec un soin particulier un petit nombre de brebis, je pourrais élever moi-même mes béliers reproducteurs de pur sang; j'en ai maintenant un certain nombre dont je suis content; mais je crois qu'en général il vaudrait mieux les acheter dans des exploitations spécialement consacrées à créer des reproducteurs de choix, traitant cette industrie plus en grand et dans des conditions plus favorables.

Mon soin principal fut de bien choisir les mères, d'écarter toutes les vassives qui me parurent imparfaites; le sang déjà mêlé du troupeau reçut promptement l'empreinte des pères de vieille race. J'ai maintenant des brebis demi-sang, trois quarts de sang, et sept huitièmes de sang qui répondent parfaitement à mes espérances et sont parfaitement acclimatées, toutes les bêtes souffrantes ayant été successivement réformées. — Dois-je continuer à donner à ces mères croisées des béliers de pure race? Dois-je m'en rapprocher chaque jour davantage? Dois-je me renouveler par portions en rachetant tous les ans quelques mères de la race du pays? — Quand pourrai-je donner au troupeau de Mazières quelques-uns de ses propres béliers croisés, que j'envoie dès à présent avec succès dans mes domaines d'Aubigny? — Je suivrai successivement et avec attention chacun de ces problèmes, mais il me semble aujourd'hui, en considérant l'ensemble du troupeau, que les points principaux sont dès à présent résolus.

La ferme de Mazières ayant en ce moment peu d'étendue, je suis obligé d'envoyer mes agneaux dans un autre petit domaine que je possède à deux lieues de Bourges.

— Je vends les mâles, et je ramène les femelles au troupeau vers le mois de juillet.

L'acquisition de la ferme du Grand-Mazières fera cesser cet inconvénient; et le grand parcours que m'offriront 200 hectares d'un seul tenant sera, je l'espère, favorable au développement de ce troupeau auquel j'attache beaucoup d'intérêt.

Les brebis dépouillent $2^{k},30$ à $2^{k},50$ de laine que j'ai vendue 2 fr. 30 c. le kilogramme en 1860. Je fais naître les agneaux en Février et Mars, afin d'avoir plus promptement une nourriture riche pour les mères. — Je vends les mâles en Novembre, à huit ou neuf mois, environ 16 francs pièce. Si je les garde jusqu'à l'âge d'un an, ils se vendent 18 francs.

Les préjugés contre les têtes noires commencent à disparaître dans les foires.

J'ai essayé, pendant trois ans, sur une partie à part du troupeau, de croiser avec des béliers cheviot; j'ai dit dans la première partie du mémoire que je croyais plus simple et plus praticable de m'en tenir aux South-down.

Une expérience comparative dont je vais rendre compte m'a confirmé dans cette pensée.

N'ayant pas encore fort étendu la culture de la betterave, je ne m'occupe pas d'engraissement de moutons à Mazières; mais j'ai voulu voir ce que pouvaient produire les moutons que je livre au commerce, et par conséquent ce qu'on pourrait plus tard me les payer.

J'ai envoyé, en décembre 1858, à M. Dupont, habile fermier de Thoiry (Seine-et-Oise), qui spécule sur l'engraissement des moutons, trois lots de vingt moutons chacun, âgés de neuf mois, pesant 26 kilogrammes en moyenne par tête, et vendus suivant le cours de Bourges, à 16 francs la pièce.—L'un de ces lots était croisé southdown, l'autre cheviot, enfin, le troisième était composé de moutons solognots-berrichons, venus des domaines d'Aubigny.

Ces moutons ont été nourris à Thoiry avec le troupeau de la ferme, ont mangé des betteraves et des vesces en vert, puis pacagé dans les chaumes ; enfin, ont recommencé, en décembre, à manger des betteraves.

Pesés au bout d'un an, à vingt et un mois, en décembre 1859, ils ont donné en moyenne les poids suivants :

Croisés south-down . . . . 50^{k}, poids vif.
Croisés cheviot 47
Solognots-berrichons 41,50

D'après les renseignements de M. Dupont, ils ont consommé un tiers de moins de nourriture que les gros moutons picards.

En janvier, on a choisi les vingt plus beaux moutons des deux lots croisés, et on les a engraissés avec soin pour le concours de Poissy. Ils ont pesé, en mars 1860, à deux ans : .

Les croisés south-down. . . . . 67 kilog.
Les croisés cheviot. 60

Le premier lot a obtenu le troisième prix de sa catégorie.

Si cette expérience se confirme, les croisés south-down pèseraient, à vingt et un mois, avec la même nourriture, 8 kilogrammes de plus que les Berrichons ordinaires, soit 4 kilogrammes nets, valant 5 francs (à 1 fr. 25 c. le kilog.).

Cette plus-value est assez importante pour faire persister dans les croisements.

Quant à l'accroissement en un an (de neuf mois à vingt et un mois) de 24 kilogrammes, poids vif, ou 12 kilogrammes net, valant 15 francs (à 1 fr. 25 c. le kilog.), plus 4 fr. 50 c. de laine (2^{k},40 à 2 fr. 30 le kilog.), il peut payer la nourriture à peu près au même prix que le troupeau de mères.

COMPTABILITÉ. — RÉSULTATS.

La comptabilité de la ferme de Mazières est tenue en partie double, aussi complétement que possible, mais en évitant toutes complications inutiles. — Les dépenses et recettes portées au journal sont dépouillées et classées en un certain nombre de comptes principaux, sagement limités. — J'ai joint un compte complet à ce mémoire ; le résultat de chaque branche de la culture peut s'y lire parfaitement, et il devient un guide pour toutes les opérations.

La manière de fixer les prix des fourrages et des fumiers est une question assez débattue dans toutes les comptabilités agricoles ; elle ne *change rien au résultat final;* il suffit que celui qui dirige les opérations et pour lequel le compte est fait, sache en comprendre les bases et les traduire exactement dans ses observations. — Je crois plus simple et plus régulier, en général, de fixer un prix moyen aux fourrages pour toute la durée du bail, et de donner aux fumiers de ferme une valeur également fixe, mise en rapport avec le prix habituel de leurs équivalents dans les engrais du commerce. — A Mazières, le voisinage de la ville m'a indiqué d'autres bases au début, et je ne veux pas les changer maintenant pour ne pas altérer les comparaisons d'une année à l'autre. — Je porte les fourrages au prix moyen du marché de Bourges pendant l'année (prix trop élevé), et les fumiers au prix de ceux que j'ai pu acheter à l'artillerie (prix trop bas).

Par ces deux motifs, les comptes de bestiaux se trouvent réduits dans leurs bénéfices; celui des comptes céréales est augmenté d'autant; mais il ne s'agit que de bien comprendre les chiffres, qui sont d'ailleurs faciles à changer de place, quand on veut changer de point de vue.

La comptabilité n'a été définitivement adoptée sous sa forme actuelle qu'en 1853. — Le résumé des huit années, de 1853 à 1860, donne un bénéfice total de 18,556 francs, fermage de 3,000 francs payé, ou une moyenne de 2,320 francs par année. — Soit près de 8 0/0 du capital engagé de 30,000 francs (*).

Cet intérêt est raisonnable, et s'il n'est pas plus élevé, il faut considérer que les essais faits à Mazières n'ont pas pour but un bénéfice immédiat; que les animaux de concours demandent quelques frais exceptionnels, surtout pour les moutons. Enfin, la dépense d'un chef de culture qui me coûte 1,400 francs n'est pas en rapport avec le fermage qui n'est que de 3,000 francs. — Ces frais généraux seront plus proportionnés au revenu, quand j'administrerai sous une seule direction les deux Mazières et leurs 200 hectares.

XI.

BOIS.

Un des articles du programme est ainsi conçu :

« Bois et forêts. — *Mode d'aménagement et d'exploitation;* » et plus loin il termine en disant : « *Quelles sont*

(*) Je n'ai pas ajouté à ces bénéfices la somme de 5,850 francs montant de seize prix obtenus par Mazières dans les concours généraux et régionaux. Cette somme a servi, et au delà, à amortir la plus-value des reproducteurs de choix que j'ai achetés, et qui n'ont été portés sur les comptes que pour leur valeur de boucherie.

les industries qui se rattachent plus directement à l'agriculture de la contrée. »

Ainsi les bois compris dans le programme agricole, et les industries qui donnent à ces bois leur valeur, devraient former un chapitre spécial et important de ce travail.

Je l'abrégerai pourtant. Le mode d'exploitation varie peu dans l'ensemble du pays ; il est difficile de distinguer dans les augmentations de revenu, celles qui proviennent des soins particuliers apportés dans l'aménagement et l'exploitation, de celles qui sont la conséquence du mouvement général des affaires.

Les routes, en diminuant les frais de vidange et de transport, ont encore été dans cette partie de mes propriétés le plus sûr et le plus productif des emplois de capital. La grande route fossoyée et empierrée de 9 kilomètres de longueur, que j'ai construite des usines d'Ivoy à travers la forêt, jusqu'à la route départementale de Sancerre à Aubigny ; — celle qui, partant de la route de la Chapelotte au Noyer, traverse les bois et la vallée de Boucard, et en conduit les produits à la route de Jars à Sancerre, aux vignobles et au canal de la vallée de la Loire, etc., ont ouvert des débouchés importants et facilité la conduite des marchandises aux usines ou aux ports. — La grande ligne ouverte dans toute la longueur des bois de Boucard a rendu la surveillance et l'exploitation plus faciles.

Je ne parlerai pas de plusieurs parties de semis, à Lalaux, aux bruyères de Frein, aux bois de l'Aumône, de quelques belles portions de taillis réservées pour en faire des futaies pleines, etc. Ce sont plutôt des expériences forestières que des opérations lucratives, et l'on sait combien il faut de temps pour que des travaux forestiers se traduisent en chiffres et en revenus bien constatés.

De nombreux assainissements par des rigoles aboutissant à de plus larges fossés, et traversant les routes par des ponceaux ; — des arachis de bruyères, après les exploitations, des repeuplements, soit par semis sur écobuage, soit par des plantations sur de petits fossés, tous ces travaux d'entretien annuel des bois ont été faits avec soin, mais ne valent pas d'être signalés.

Quant aux industries qui se rattachent plus directement à la branche forestière de notre agriculture locale, je n'ai pas besoin de nommer l'industrie métallurgique, antique richesse et renommée du Berry. Mais que pourrais-je en dire à cette heure d'angoisse et de fatale incertitude ? — Depuis vingt ans les progrès étaient éclatants, les capitaux qu'on lui consacrait s'accumulaient avec une activité presque prodigue. La vieille usine d'Ivoy n'était pas restée en arrière de ce mouvement. Quand je l'ai achetée, en 1834, elle produisait à peine 800 tonnes de fonte et consommait par tonne 90 hectolitres de charbon de bois; les fontes se vendaient 190 francs les 1,000 kilogrammes; les fers, 550 francs; les bois coûtaient 2 francs le stère. Aujourd'hui, quand on peut vendre des fontes, on en trouve avec peine 160 francs ; les fers se vendent 420 fr., et les bois coûtent 3 francs le stère.

En 1839 j'ai radicalement changé toutes les conditions de la fabrication.

Le fourneau, trop petit et mal proportionné, a été détruit et reconstruit suivant des plans nouveaux. Une soufflerie en fonte, à deux cylindres et à double effet, a remplacé les anciennes caisses de bois ; les eaux qui lui servaient de moteur, retenues sur le revers de la colline, et traversant la vallée par un siphon, ont doublé leur chute, et ont fait marcher une puissante roue de 30 pieds de diamètre. Une seconde machine soufflante à grande vitesse, mue par la vapeur, a été ajoutée à la roue hydraulique.

La production s'est élevée de 800 à 2,200 tonnes par an ; la consommation du charbon est descendue de 90 à 60 hectolitres par tonne, compensant par cette économie l'augmentation constante du prix du bois. Des maisons neuves d'ouvriers ont été construites autour des usines ; des routes nouvelles et de nombreux terrassements en ont facilité les abords.— Enfin un essaim d'ouvriers habiles, partis de la vieille fonderie d'Ivoy, est allé peupler l'usine de Mazières, fondée par moi en 1848, aux portes de Bourges, et destinée à expédier ses produits des portes de Rome à celles de Saint-Pétersbourg, et de Cadix à Nijny-Novogorod.

Je ne parlerai pas ici de l'usine de Mazières et des capitaux qui lui ont été consacrés ; elle consomme en partie du coke et des bois achetés loin de chez moi. Mais les seuls travaux faits à Ivoy m'ont coûté plus de 200,000 francs. Cette somme est aujourd'hui perdue ; il faut commencer par supprimer du prix de revient des fontes, les intérêts des capitaux immobilisés, si l'on veut baisser assez les prix de vente pour écarter les fontes étrangères auxquelles de récentes conventions ouvrent toutes les portes des marchés français ; ou plutôt, il faudra peut-être bientôt supprimer à Ivoy toute la fabrication elle-même, le prix de vente ne pouvant aujourd'hui payer les matières premières et les frais annuels.

La baisse des bois aurait seule pu maintenir à un chiffre suffisant le bénéfice des hauts-fourneaux ; — mais les rigueurs d'un hiver froid et prolongé, les besoins toujours croissants de la population toujours grandissante de Paris, ont fait monter le prix des charbons, au lieu de les mettre en rapport avec les souffrances déjà anciennes des usines, confirmées et aggravées par l'abaissement des tarifs de douanes.— Cette hausse a rendu leur position encore plus difficile, et leur a fait trouver amers autant que frivoles

les accents triomphateurs des partisans de ces mesures, qui vantent leur influence sur le revenu des propriétaires de forêts.

Combien d'usines, se soumettant à la destinée, interrompront-elles leurs travaux? Quelle influence leurs approvisionnements, devenus disponibles pour le chauffage, exerceront-ils sur le prix des charbons de Paris? Questions complexes, aléatoires, périlleuses, qui succèdent aux efforts réguliers d'un travail persévérant et d'une fabrication longuement étudiée. — Quelle en sera la solution pour l'usine et les bois d'Ivoy? Elle ne serait pas ici à sa place, et je serais embarrassé de la donner, ne l'ayant pas encore trouvée moi-même.

XII.

CONCLUSIONS.

Je voudrais résumer brièvement ce travail déjà trop long.

Le développement et l'équilibre de la richesse publique rendent nécessaire d'appeler vers l'agriculture une partie considérable des capitaux nouveaux qui sont créés chaque jour, et surtout ceux qui ont pour origine les produits de l'agriculture elle-même.

Mais le capital, entièrement libre par sa nature, va constamment où il croit reconnaître les plus forts bénéfices, ceux qui s'écrivent en argent d'abord et quelques autres aussi d'un ordre plus élevé.

Ce capital n'appartient pas seulement aux laboureurs de profession, mais aux propriétaires de toutes situations, ne pouvant donner à la terre qu'une partie de leur temps et de leur sollicitude.

Il importe donc de montrer à tous que les avances faites à la terre soit en améliorations foncières, soit en capital roulant, sont des avances fécondes et aussi productives d'intérêts élevés que les travaux de toute autre industrie.

Les chiffres seuls ont dû avoir place dans ce travail. — Tout ce que la terre, aimée et soignée de près, apporte d'avantages pour le repos de l'esprit, la dignité des caractères, le solide bien-être et les morales influences, tous ces bienfaits divers ne devaient être portés ici que pour mémoire.

J'ai indiqué avec détail les capitaux que j'ai déjà engagés dans l'amélioration des deux terres de Boucard et d'Aubigny.

En les réunissant ils se résument ainsi :

Routes	87,651 fr.
Constructions	138,093
Augmentation de bétail.	63,237
Marnages et chaulages	25,700
Drainages.	15,600
Travaux divers	8,947
Avances aux métayers	17,700
Retards de revenus, valeur de récoltes en magasin.	Mémoire.
Total	356,928 fr.

Ce capital devra s'augmenter par la suite dans des proportions diverses ; il reste à faire :

Très-peu pour les routes;

Un peu moins que par le passé pour les constructions;

Beaucoup pour les marnages et chaulages;

Indéfiniment pour les drainages.

Les valeurs en bestiaux augmenteront par le progrès même de la culture.

Les avances de main-d'œuvre croîtront parallèlement à ces progrès.

Il y a donc une large marge ouverte aux capitaux de l'avenir.

Je n'ai pu calculer mathématiquement les revenus acquis au capital total que j'ai engagé jusqu'ici; ils se trouvent dans l'accroissement général des revenus de la propriété tout entière, domaines affermés et domaines à moitié, bois exploités et industries qui leur offrent un débouché.

Mais j'ai établi dans ce mémoire des calculs de détail pour plusieurs domaines ou entreprises distinctes, — j'ai trouvé des revenus de 20, 16, 13 et 8 0/0 des capitaux engagés dans ces diverses opérations.

Et si l'on n'avait pas le temps de contrôler ces calculs, les granges insuffisantes, les meules si longtemps inconnues, les champs couverts de riches froments, la valeur des bestiaux partout augmentée, suffiraient pour indiquer que mes dépenses n'ont pas été stériles.

On n'oubliera pas d'ailleurs que ces meules se partagent, que ces grains appartiennent au métayer aussi bien qu'à moi, et qu'ainsi le profit ne se borne pas à celui qui me concerne et dont j'ai pu donner les chiffres.

Je n'attache qu'une importance très-secondaire au mérite d'avoir pratiqué le premier dans les deux cantons de Vailly et d'Aubigny:

Les drainages sur une échelle sérieuse;

L'emploi du noir animal pour les bruyères;

Celui du guano pour les cultures ordinaires;
Les croisements par les races south-down et ayr;
L'établissement de fosses et pompes à purin, etc.

Mais je tiens à constater que tout ce que j'ai essayé a été fait dans une mesure de dépense rationnelle et prudente, dont les résultats sont acquis.

J'ai voulu rester dans les conditions générales du pays et ne rien faire que chacun ne pût raisonnablement faire comme moi. Je crois, en suivant cette voie, être entré dans les intentions du programme de la prime d'honneur destinée à l'exploitation qui aura réalisé *les améliorations les plus utiles*. Il ne cherche pas la perfection absolue, mais il demande « comment s'est constituée l'exploita- » tion ; combien de difficultés inhérentes au sol, aux *cir-* » *constances économiques de la localité* ont été surmontées; » quelle a été la dépense; quel est aujourd'hui le re- » venu. »

J'espère avoir répondu à ces questions par des chiffres établis sur une comptabilité minutieuse. Je crois enfin m'être conformé par instinct à cet article fondamental et décisif du programme qui demande « une culture sage- » ment dirigée, en rapport parfait avec les circonstances » locales où elle se trouve placée, bien réglée dans les » dépenses et productive dans les résultats. »

Je désire surtout ne pas avoir abusé de la patience du Jury et de sa bienveillante attention.

Mazières, le 27 février 1861.

Le Mis DE VOGÜÉ.

TABLE DES MATIÈRES.

PARIS. — IMPRIMERIE CENTRALE DE NAPOLÉON CHAIX ET Cᵉ, RUE BERGÈRE, 20. — 1882.

www.ingramcontent.com/pod-product-compliance
Ingram Content Group UK Ltd.
Pitfield, Milton Keynes, MK11 3LW, UK
UKHW020323250726
13967UKWH00004B/1827

9 782011 912237